智·慧·爱
Sapientiae et Cordi

了解和爱，终将成就一切！

Babystrology

The Astrological Guide to Your Little Star

12星座宝宝

[美] 茱蒂·韦特勒 *Judi Vitale* ◎ 著

王漪虹等 ◎ 译

華夏出版社

HUAXIA PUBLISHING HOUSE

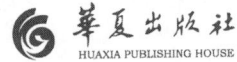

图书在版编目（CIP）数据

12星座宝宝/(美)韦特勒著；王漪虹等译.—北京：华夏出版社，2014.3
书名原文：Babystrology:the astrological guide to your little star
ISBN 978-7-5080-7908-0

Ⅰ.①1… Ⅱ.①韦… ②王… Ⅲ.①儿童—性格形成 Ⅳ.①B844.1

中国版本图书馆CIP数据核字(2013)第289392号

BABYSTROLOGY: The Astrological Guide to Your Little Star
by Judi Vitale
Copyright © 2012 by F+W Media, Inc.
Published by arrangement with Adams Publishing,
a Division of Adams Media Corporation
through Bardon-Chinese Media Agency
Simplified Chinese translation copyright © 2014
by Huaxia Publishing House
ALL RIGHTS RESERVED
版权所有，翻印必究。
北京市版权局著作权合同登记号：图字01-2013-0538号

12星座宝宝

著　　者	(美)茱蒂·韦特勒	译　　者	王漪虹等
责任编辑	朱　悦　陈志姣	责任印制	刘　洋
出版发行	华夏出版社	经　　销	新华书店
印　　装	三河市万龙印装有限公司		
版　　次	2014年3月北京第1版	2014年4月北京第1次印刷	
开　　本	787×1092　1/24	印　　张	14.5
字　　数	176千字	定　　价	35.80元

华夏出版社	地址：北京市东直门外香河园北里4号	邮编：100028
	网址：www.hxph.com.cn	电话：(010)64663331(转)

若发现本版图书有印装质量问题，请与我社营销中心联系调换。

献 词

谨以此书献给我的儿子大卫。
他的到来，给我带来了无穷的喜悦。
他让我明白，
在我整个生命中，
我最大的目标和幸运就是做他的母亲。

9　射手座：热爱自由的阳光宝贝　223

10　摩羯座：充满行动力的孩子　247

11　水瓶座：讨人喜欢的小精怪　277

12　双鱼座：天真而又奇妙的宝宝　305

后记　333

目 录

序言 001

如何使用此书 001

1 白羊座：野性的白羊 001

2 金牛座：沉静而固执的小蛮牛 029

3 双子座：善于发现的好奇宝宝 059

4 巨蟹座：天生的哺育者 087

5 狮子座：充满戏剧性的星座 113

6 处女座：勤劳的小工蜂 139

7 天秤座：宁静而理智的浪漫者 169

8 天蝎座：水相达人 195

序 言

　　孩子刚刚出生，他们是谁，这还是一个巨大的未知数。什么会让他微笑？什么颜色他最喜欢？他会喜欢读书吗，容易交到朋友吗，喜欢户外活动吗？他会喜欢你喜欢的东西吗？这个突然放到你怀中的珍贵的小东西，怎样才能把他养育得最好？怎样才能让他成长为一个自信、有爱心、有个性的人？

　　他是谁，这个问题尚且还不知道，那么怎么去培养他的情感世界就更是一个无从回答的问题了。但是，如果你事先了解一下孩子内心深处是怎样的天性，并能按此培养他的话，那就大不相同了。所幸，你已经知道他天性中最重要的一面了，那就是他的太阳星座！在这本书里，你将学会如何用宝宝星座学——针对婴儿的占星学——来发现某些特定的特点和性格对他成长的影响。你的小宝贝是拥有双鱼座的柔和、狮子座的自信还是巨蟹座的浓情？你将学会如何给予他所需要的，是更多的拥抱、一个陈设漂亮的房间，还是一个让他激情洋溢的游戏。你还会懂得，白羊座适合听什么歌，天蝎座喜欢读什么书，摩羯座有哪些特别的天赋值得培养。

　　如果你是处女座，你要怎样才能与可爱的小双子相处融洽？天秤座又如何养育双鱼座的孩子？在每一章中，除了了解每个星座宝宝的特点，你还能了解到每一星座的父母跟这一星座的宝宝如何才能相处好。你会知道，在你与孩子的相处中，会有怎样的喜悦和挑战，你也会更了解你的宝宝和你自己。说不定你还会发现，原来你们的关系早已写在星相里。享受其中的乐趣吧！

如何使用此书

占星学是一门古老的学问。它以一个人出生时太阳、月亮、各行星在天上的位置为基础。要完整解读一个人的星座学是相当复杂的,所以你只需一些基本的知识,以便对你的孩子的性格和内在有所了解。首先,你需要知道孩子的太阳星座,这是由孩子出生时太阳所处的天宫位置决定的。你可以在下表中查出你的宝宝是什么星座。(由于太阳星座的划分与时区经纬度有关,所以这个太阳星座划分表各地会存在差异,请以自己的出生地区为依据计算,此表仅供参考。——编者注)

3月21日~4月20日	白羊座	9月21日~10月21日	天秤座
4月21日~5月20日	金牛座	10月22日~11月21日	天蝎座
5月21日~6月20日	双子座	11月22日~12月20日	射手座
6月21日~7月21日	巨蟹座	12月21日~1月20日	摩羯座
7月22日~8月21日	狮子座	1月21日~2月20日	水瓶座
8月22日~9月20日	处女座	2月21日~3月20日	双鱼座

有人认为,一个人可能同时拥有两个太阳星座的特点,就是常说的"位于两宫临界"。不过,一个孩子出生时,太阳不在这个宫,就在另一个宫。如果你的孩子生日恰在两星座临界处,你可以请一位占星师,结合他的出生日期、时间、地点,测算出他的完整星盘。或者,看一下对两个星座的描述,看哪个更符合。不管是通过测算还是凭直觉,选择一个,就坚持下去,不知不觉,你和孩子之间会产生一种让你都难以置信的联系。

★ 需要事先了解的术语

这本书读起来非常有趣。如果你事先了解一些星相学术语,读起来会更有感觉。不过,你并不需要大做功课,只需了解某些术语的基本意思,阅读本书就完全无碍了。

主宰行星:每一星座都与太阳、月亮或某一行星关联。主宰行星奠定星座的氛围,并塑造出生在这一星座之下的人的性格。

上升行星:某些行星会出现在其他太阳星座,这些星座是它们的"第二家园",在这些星座之下,它们也能运行平稳,与其基本特性和谐统一。当某个行星位于一个让它感到自如的星座时,我们就说,它处于"上升"之中。

星座分类

各个星座是按照元素来划分的,即占星学里所讲的火、土、风、水。元素塑造了不同星座的"性格",也塑造出特定星座之下的人的性格。这种划分方法反映了古代对四种主要存在形式的看法。星座的划分如下:

● **火相星座:白羊座,狮子座,射手座**

这些星座下的人活泼、有魄力,他们一进门,你就能感受到他们的存在。

● **土相星座:金牛座,处女座,摩羯座**

这些人务实,比较安静,有办法。他们就是知道如何把自己的想法变为现实。

● **风相星座:双子座,天秤座,水瓶座**

出生在这几个星座之下的人,一个典型的特征就是敏锐的内心感知力。面对各种情况,他们总是能迅速想出应对办法,对各种人生经验,他们也总是能给予合理解释。

● **水相星座:巨蟹座,天蝎座,双鱼座**

出生于这些星座之下的人受情感支配,敏锐、易感,具有很强的直觉能力,能预见他人的需求和想法。比如他的朋友、亲戚、同伴、同事,也许本人都还没有意识到自己的需求和想法时，水相星座就早已洞察了。

星座还可以按照运行方式来划分类别，包括本位宫、固定宫和变动宫。这种划分方法依据的是它们降落在四季的哪一部分——早、仲还是暮。各星座的运行方式划分如下：

★**本位宫：白羊座，巨蟹座，天秤座，摩羯座**

本位宫的星座是事物的开启者，就像它们开启每个季节那样，不过，能否同样完美地结束一件事，那就另当别论了。

★**固定宫：金牛座，狮子座，天蝎座，水瓶座**

出生于这些星座之下的人都是习惯的造物，他们可能情愿保持事物既有的状态。他们很善于结束计划，但有时候，他们也会纠结于某个细节而无法继续。

★**变动宫：双子座，处女座，射手座，双鱼座**

变动宫的星座非常随性，会灵活应变，但常常会在技能上或需要组织能力的事情上遇到困难。

既然已经弄清楚孩子星座的基本特征，现在就来进一步了解一下吧。下面，你将会更深入了解到你的小宝贝有怎样的性格、挑战和热情。

♈ 白羊座

野性的白羊

出生日期：3月21日-4月20日

守 护 星：火星——好胜、积极的一面

旺　　星：太阳

幸 运 色：红色、鲜红色

幸 运 石：钻石、透明石英

在春天唤醒大地之时,你的小白羊来到了人间。从此之后,这个小淘气将以折腾大家为乐。白羊座属于火相星座,因为它的来临象征着春天,因此白羊在星座排行当中首当其冲。白羊座的人聪明机灵、天性好动,从一开始你就能发现这只小白羊非常执着,也非常固执。小白羊们坚定不移、富有激情、勇往直前,永不停歇地挑战新的规则底线。

白羊座的孩子生性好动,一刻都闲不下来。要是你没有给予积极响应,他会想尽各种办法来骚扰你,比如大哭大闹、拳打脚踢。对于还没学会走路的小宝宝,你可以抱着他到处走走,让他安静下来。不过可千万别让他以为你会迁就他的任何突发奇想。这只小白羊总是在打破陈规,不停探索着未知的世界。

白羊座的孩子还是行动派。与其在场边高谈阔论,他们会直接拿起球参与其中。他们喜欢通过触摸来认识一切事物。尽管不是那种最黏人的宝宝,白羊座的孩子也很享受那种被拥抱的幸福感，只要别抱得太紧。小白羊会通过察言观色来观察你是不是对他失去了耐性。别指望他在你心情不好的时候能心怀同情乖乖地不来烦你，他们不是感性的，不怎么会考虑到别人的感受，因为在小白羊的字典里，可能没有什么比"我"更重要了。当自由被限制时，小白羊的臭脾气就会爆发。在他只能满地乱爬和蹒跚学步的那些日子里，他理解不了危险与探险之间有什么区别，这会苦了小白羊的父母们。不过，能看着这个坚强又精力充沛的机灵鬼慢慢成长，从迈出人生第一步到有所成就，你会觉得再辛苦也值啊。

★白羊座男孩

大多数男孩要比女孩拥有更强烈的好奇心和更旺盛的精力，小公羊的这个特质更为突出。他需要大量的肢体活动和足够的关注，更重要的是，需要你极大的耐心。做小公羊的支持者吧，不要让老师或看护人老把他拎出来，作为不愿安静和服从的典型。给他增加各种机会尽情奔跑、玩耍和探索吧。

白羊座男孩没有太多的耐性去等待，需要指导他懂得什么是次序。他会任由天性跑到队伍前头"冲锋陷阵",这样难免要撞到或推倒其他犹豫不决的孩子。小公羊们觉得自己有责任担当队伍的排头兵,及时侦查险情。看好你的小公羊吧,因为他会在人群中横冲直撞。

白羊座男孩还非常热衷于暴力行为,甚至流血事件。很多白羊座男孩长大之后会成为出色的外科医生,因为一般人看到鲜血和针管就会恶心呕吐,他们则无所畏惧、处之泰然,还有的白羊座男孩会成为优秀的执法人员。所有的白羊座男孩都喜欢看电视,喜欢玩游戏,喜欢进攻性的运动。这些大部分是有益健康的,但有些电子游戏过于逼真,远超出我们能承受的范围。练习武术是个不错的选择,既能增加小公羊的运动量,还可以让他学习如何保护自己、避免伤人。白羊座男孩渴望保护他的亲朋挚友,注意要确认他练习武术打斗的场所安全,并且防护齐备。

★白羊座女孩

在给白羊座女孩穿上漂亮的蕾丝裙、戴上精致的蝴蝶结之前,你得对这个坚强的小妞有充分认识。白羊座女孩或许没有其他女孩那么安静甜美,但是她们非常忠诚、友爱，乐于保护你以及跟她亲近的所有人。白羊座女孩需要良好的教育，同样也需要足够的空间去释放生龙活虎的自我。

当小妞感觉受到约束限制时，会变得鲁莽易怒，发起疯来就开始瞎踢毯子、乱扔玩具。白羊座女孩不怕脏，她们不太愿意和女孩们在茶话会上安静地坐着，更喜欢跟一群调皮的男孩打打闹闹。在女孩堆中，你家小妞十有八九会很快出落成精英分子，因为她比别人更坚强、更勇敢，也更为自信。白羊座女性并不认同所谓的性别障碍，很多白羊座女性成为航天员和创业者。她们热爱大自然，喜欢那些其他女孩避而远之的"男生运动"。

关键是要让你的小母羊释放她"内在的雄性"，而不必管她能否融入其他女孩的社交圈。也许她根本不在乎跟谁在一起，只是想要每天尽可能多地享受冒险、刺激和欢乐。

逼白羊座女孩穿上超级女人味的服饰同样是行不通的。她会选择适合自己的着装风格，舒适远比时尚更重要！即便你费尽心思地把她的发型弄到完美，她也会迅速逃脱，将那些发卡、发带和蝴蝶结什么的统统扔掉，因为这样能让她更自在。

如果不太过分的话，尽量满足小母羊的想法吧。哪怕在队伍中没有别的女孩

(她甚至根本不会意识到这一点），也要让她在各种体育运动中试试身手。总有一天她会跟其他女孩一样，女人味十足，同时还拥有意志坚定、活力四射、坚不可摧的个人魅力！

★天赋和兴趣

体育运动

白羊座孩子体内的能量往往令人难以置信，无论是否被疏导到有益的活动中去，它终有一天会爆发！白羊座的孩子好胜心切，但绝不会使用恶毒、龌龊的手段。白羊座无论男女，肢体控制力都很强。因此，你的小白羊不仅喜欢足球和网球，还会爱上空手道或是体操。

语言

和白羊座的孩子说话别说得太急，当发现他越听越迷茫的时候，你就得放慢语速啦。小白羊非常善于用非语言来表达自我，这家伙会拽着你穿过房间去取一件想要的玩具或零食。为了促进孩子语言能力的发展，可以和小白羊玩一些这样的游戏：让他大声说出那个单词，要不就收回他的心爱之物，不过要做好被拒绝的准备哦。

领导才能

你永远不必担心小白羊会被别人（包括你）牵着鼻子走。白羊座是真正的天生领导者，他的想法独树一帜，还不断冒出新点子！孩子们都愿意追随小白羊，因此，越早给他灌输积极目标和健康志趣越好。

★小小的挑战

几乎从一开始你就能感受到，你的小白羊是个"难以控制的主儿"。翻来滚去、拳打脚踢、大呼小叫，这些对他来说都是家常便饭。你孩子身上那些使不完的劲儿，必须通过实用的、有效的方式来释放。慢慢你会理解，为什么小白羊的坏脾气一爆发就得绕着房间跑上几圈。如果小白羊想要的得不到满足，他会立即情绪化地爆炸。一旦被激怒，他很有可能就会抄起手中的积木来个远投，砸向别的孩子，甚至是你。不过幸运的是，小白羊的怒气来得快去得也快，瞬间他就会忘掉刚才为什么要生气。小白羊需要练习如何控制自己的脾气，这个任务就交给你喽。

★管教白羊座宝宝的秘诀

对待白羊座的孩子,你必须严格而坚定,告诉他明确的底线。在小家伙懂得如何按照你和社会的游戏规则去行事之后,你就可以放心地让他自己去锻炼独立性和坚定、激昂的领导能力了。当你说"别碰那个"的时候,小白羊根本不会理你,因此,你必须提高嗓门。而在限制范围内,你可以任其自由发挥。不管说过多少次"别这么做",你还是得经常动手将这个小家伙抱离各种危险,比如说火、易坠落的高处或是其他造成身体伤害的东西。让他知道你生气了的最好方式,就是限制他的行动,让他待在床上或房间里,不能到处乱动。当然,得密切关注他的一举一动,但不能心软,不管小白羊的尖叫和哭闹有多么惊天动地都别理他,直到他慢慢冷静、放松下来,知道自己做错了。

★白羊座宝宝的最爱

跟你的白羊座宝宝一起唱的歌

《小马哥》(Pony Boy/Girl)："驾驾驾"那个节奏跳跃的部分真是棒极了。

《扬基督德》(Yankee Doodle)：小白羊会跟着进行曲的旋律踏起步来！

《围着萝西绕圈圈》(Ring Around the Rosie)：气场强大的旋律超级适合同样霸气十足的白羊们。

跟你的白羊座宝宝一起看的电影

《小飞侠彼得潘》(Peter Pan)：白羊座的孩子可以情绪激昂地折腾一宿。

《功夫熊猫》(Kong Fu Panda)：不是介绍功夫动作的哦。在这个电影里，白羊们将见证战胜困难、达成愿望的伟大奇迹。

《历险小恐龙》(The Land Before Time)：一个凭借勇气和领导力战胜恐惧的振奋人心的故事。

和你的白羊座宝宝一起玩的游戏

听从指挥：你跟小白羊可以轮流扮演领导者。

捉迷藏：白羊座的孩子不喜欢捉人，他们都抢着当藏起来的那个。

海盗船：即便是白羊座女孩，也超喜欢身着海盗盛装，去挑战高难度的任务。

和你的白羊座宝宝一起读的书、诗歌和童话

《赫拉克勒斯的磨难》（The Labors of Hercules）：击退怪物的故事让小白羊们深深着迷并深受鼓舞。

《敏捷的杰克》（Jack Be Nimble）：一个"跳烛台"游戏的小调，要跳得又稳又准哦，不然就会烧到脚趾头。

《杰克与魔豆》（Jack and the Beanstalk）：痛快地大战一场，令众多小白羊们为之着迷。

用这些食物犒劳白羊座宝宝吧

牛肉：醇香味美，能补充大量能量。

番茄汁：对！白羊座的孩子就是好这口儿，还有这个颜色。

香蕉：味道好极了，还含有丰富的钾。

提示：白羊座的孩子不会因为做其他事情而耽误了吃，并且总是吃得狼吞虎咽，好像总也吃不饱。他们喜欢高蛋白的食物，还常常边跑边吃。

★白羊座宝宝的着装风格

白羊座的孩子喜欢简单的款式,但颜色一定要鲜艳。他们显眼出众,热衷于四处探险,因此会在身上留下许多草木和泥土。尽量不要给他们穿容易撕裂的衣服。

女孩:她要的不是公主装和芭蕾裙,而是有弹性的裤子和一双结实的鞋。

男孩:别指望他会穿上你为他精心准备的白T恤出席特殊场合,他自己会挑红色,这样每个人都能一眼就看到他。

★白羊座宝宝的环境

当了解到白羊座的孩子是多么活跃(也很累人!)后,你可能想用蓝色和紫色这样的冷色系来装点他的儿童房。在付诸行动之前请先等一下,其实像红、橙、桃红这样的亮色反而可以让小白羊的热情之火降降温。

★安抚爱哭的白羊座宝宝

白羊座的孩子比别的孩子更爱哭,一旦发现没人关注自己,他的眼泪就会齐刷刷地流下来。小白羊哭泣的理由各种各样,因此你必须敏锐地观察他的任何变化。饥饿和不适引发的哭泣来得特别快,你得迅速给予安抚。有时候白羊座的孩子只是因为不爽于没得到想要的东西,就会头疼欲裂(小白羊头上的羊角确实很敏感),你要马上安慰他。这个时候,温柔地摸摸小白羊的脑袋,刚才的哭闹很快就平息了。耗尽小白羊的精力,是让他尽快入睡的最佳办法。对于婴儿期的小白羊来说,可以让他尽情蹬腿和大笑,这屡试不爽哦。再往后,规律性的运动也能达到快速入睡的目的,不过也有例外,有时候还得带这个小家伙上街逛一圈,才能让他安静下来。

★如何激励白羊座宝宝

白羊座的孩子不缺激励,千万别误解小家伙真正的需要,他需要你帮他释放旺盛的精力、提高注意力。可以试试下面这些东西：

- 体育器材：去儿童运动馆，让他尽情开心吧。
- 遮阳帽：外出探险必备，还能避免小白羊撞到小脑袋。
- 彩泥：小白羊可以像雕塑家一样，对彩泥进行各种按压、塑造、成型，这项工作极富创造性。

★白羊座宝宝的学习方式

白羊座的孩子相信实践出真知，因此他总要去碰那些不能碰的东西，并且凡事喜欢亲力亲为。带小白羊去那些可以"动手"的博物馆和展览，如果还能加点跑跳动作，那就再好不过了。尽量找那些跟你一样了解活跃分子的老师，正确引导孩子的正能量，而不是一味压制。

12星座父母 VS. 白羊宝贝

作为爸爸妈妈,如果你的星座是……

白羊座

能跟孩子同一个星座,是上帝赐予的礼物,你最了解白羊座那种坚强独立的品质。小白羊似乎比你的要求还要多,他不停地以这样的句式开头:"我要……"亲友们都好奇,在同一屋檐下,你们两个火爆脾气是否有足够的空间和平相处。享受跟小白羊在一起的每一分钟,在抚养孩子的同时你也可以共同成长。你的主要任务就是让小白羊明白，太阳不是绕着他转的。

小白羊得尽早明白这个道理。在他很小的时候就可以进行合群训练，学习如何融入社会。稍大一点带他去早教中心或游乐园，在那里你们两只白羊都会大放异彩，一起分享合作的快乐和友谊吧。游戏完毕，你们俩就可以手拉手去买冰淇淋啦。

金牛座

小白羊的热情往往让人招架不住，这让做父母的倍感自豪，不过有时满怀喜悦地回到家中，你也会有可能被正在发作的小白羊吓到。你打算如何用自己平和温顺的小宇宙影响小白羊？秘诀就是拿出你"野性"的一面。在小白羊发起进攻时，你得运用策略打乱他的计划。坚守家庭底线，也许不能让你和孩子一起亲密地调皮捣蛋，但绝对能使你成为他心目中尊重和敬仰的那类家长。

不能一味迁就小白羊的火爆脾气，要让他知道你生气了。解决问题的时候，勃然大怒是无济于事的，讲道理或是换一种方式才更有效。尽管你对体育活动不太感冒，但还是应该尽量鼓励你的小白羊积极参加，如果你也能一起参与，那将对你的健康也大有好处。教小白羊如何用源源不断的激情来增长才干和为人处事，这个精力旺盛的孩子一定会有前途光明的未来。

双子座

在第一次哄孩子入睡之前你就该知道，小白羊在幼儿园就是个机灵的沟通者。在他身上你看到了朋友圈之外还有更精彩的生活，一天天陪伴孩子探索这个世界，你还会不断体验原始而自然的感动。不过你得提高注意力，以确保能够真正"专注"于小白羊。小家伙惹麻烦的速度要比你掌控全局的速度快得多，所以得时刻关注他，并保持一定的距离，好在麻烦到来之前快速介入。

双子座天生机智多变，有很多招数可以拿来对付不愿意安静下来的小白羊。比如用尿布什么的搞一些有趣的事情出来，转移他的注意力，抛开烦恼。你和小白羊都需要增强更持久的注意力，可以一起玩记忆力游戏，或是搞拼写竞赛。在活泼可爱的小白羊成长之路上彼此欣赏，你们俩都会受益匪浅。

巨蟹座

对你来说，小白羊或许是孩子们中精力最旺盛的，他身上的巨大能量把你搞得筋疲力尽。你不断祈祷小白羊能更有耐性，但他对生活的那份挚爱和激情却常常让你心软下来。不过即便你给予再多无条件的帮助、再多无私的爱，小白羊也未必领情。

小白羊不会在任何时候都喜欢你

的安抚和拥抱。有时你想做的只是表达一下你的爱,他却仿佛受到了约束和限制,想远远地躲开你。

白羊座渴望抬腿就走的自由,但自由必须得有一定限制。你要找到一个折中点,能给他自由,又能避免过度的危险。还有,如果小白羊要把你推开,千万别难过。他会感激你所做的一切,尤其是你对他向往自由的理解。

狮子座

如果你生了个白羊座的孩子,一定会昂首挺胸四处炫耀一番。这个机灵、活泼、阳光的孩子简直就是你的翻版,至少一开始是这样的。你们俩拥有诸多共同点:外向、友好,喜欢领导他人——但这其实也正是问题所在。

你习惯了给他人指导和激励,但小白羊却认为你应该听他的!小白羊从婴儿期就开始不断挑战你的权威,并且很有主意。比如说,这个倔强的小家伙会一直翻来滚去、拳打脚踢、大喊大叫,直到你改变教养方式,迎合他的胃口。当然你也可以坚守原则、维持原状,但通常不会有什么好结果。给他划定安全、健康的界限,证明给他看谁是"真正的"老板,不过别忘了用欣赏的眼光看待小白羊任性但又令人钦佩的性格。一起参加那种你们俩都可以参与的活动,充分展现你出色的力量和技巧。只有看到你潜在的领导才能和管理能力，小白羊才能信服。跟他玩传球游戏，也可以带他去上游泳课。鼓励他跑得更快、跳得更高，让他明白一旦掉下来，你会在那里撑起一片天。这样，你的威信自然也就随之而来了。

处女座

对这个家庭新成员，也许你早就安排好了全套培养计划——从呱呱坠地到获得博士学位，但小白羊可不会乖乖按你的路数出牌！这孩子体内不可预知的冲动能量总是让你很抓狂。爱冒险的小白羊会冲在前头处理伤口、收拾残局。

小白羊对你操心的所有细节都不屑一顾。你喜欢干净整洁和井井有条，可小白羊却愿意随地乱扔。你希望了解他，用襁褓束缚他，他却很难冷静下来，想让他满意，你却身心俱疲。要想让这件事变得容易些，就是——放轻松。尽管不能让房间保持你喜欢的样子，尽管不能把小白羊钉在紧张有序的日程表上，你也要敞开胸怀，绽放更多笑容，看着这个阳光自信、爱冒险的孩子自由成长，你会收获大大的惊喜。

天秤座

你跟小白羊看问题的角度也许不太一样，但这并不妨碍你们相互学习。

在第一次怀抱这个健壮又活跃的婴儿时,你就能立刻感受到这点。白羊座的孩子表达意愿非常直接,如果你理解了这一点,你就不会想要压制他的观点了。

你将要适应不太平静的生活。小白羊不停地制造噪音,跟打了鸡血似的,因为白羊们认为活着就得这样。当然你得确保周边环境能保障小白羊的安全,最重要的是,不要反对小白羊做的任何事,因为他需要你的支持。

白羊座永远像个孩子,即便长大成人也一样。尽管你非常照顾别人的感受,但白羊座的孩子却常常以自我为中心。告诉他如果现在能拥有一个挚友,将来能拥有一个可以依赖终生的伴侣,是件多么美妙的事情,鼓励他摒弃这个不讨人喜欢的毛病。

天蝎座

你跟小白羊在许多方面都能达成共识,但也有例外。跟其他温顺、易安抚的孩子不一样,小白羊个性独立。一方面,你很苦恼,因为他实在难以控制;但另一方面,你又会对这种独立的个性佩服得五体投地。

你要为白羊座孩子设立严格的底线。天蝎座的你是个出色的执行者,这就像教他学习填画游戏,既要发挥想象力,又不能超越界限。鼓励他参与体育运动,但一定要在允许范围内。你跟孩子都不喜欢按规矩办事,但为人父母的责任，就是要教育他知晓规则的意义。不要轻易说不，不要试图浇灭小白羊的想法，在适度范围内任由他天马行空吧，压制他只能适得其反。

射手座

从一开始你就对小白羊过人的精力大加赞赏。跟你一样，小家伙表现出超越常人的激情和活力，能有这样一个跟你在体力和情感上如此合拍的孩子，是多么有趣啊。不过你还是得了解一下这个活宝的性格特征。

小白羊从小就想要获得主导权，他会用哭喊的方式来挑战你的退让底线，这时候你可千万别就范。尽管你想要以和蔼可亲的父母形象出现，但也要学会跟小白羊说"不"。即便是需要"不公平"的时候，你也得让这个固执的小家伙明白什么是"公平"。白羊座的孩子喜欢直来直往，他非要一意孤行的话，就要让他知道你的拒绝会有什么后果。如果你能教小白羊学会如何与人和睦相处，那就再好不过了。

摩羯座

在你把自己当成老板的时候，小白羊可不这么想。虽然对你来说，这孩子有点爱胡闹和折腾，但你一定会享受其中，其实这也正是爱哭易怒的小白羊的迷人之处。不过在完全搞懂这孩子后,你会明白教会他如何融入社会是多么重要。

千万别以为只要简简单单地说上两句,小白羊就会老老实实地按照你的话去做,尤其是这类性格倔强的孩子。你要在他表现好时适时嘉奖,在他故意胡作非为时不做理睬。不理睬应该是对自我中心者最大的惩罚了,因此不要太狠心哦。让小白羊等待你的支持和认可,这是你给他上的最有价值的一课——等待之后得到的肯定会带来更大的成就感和愉悦感。

水瓶座

你跟小白羊来自两个完全不同的星球,不过经过磨合,你俩同样可以共享欢乐时光。你会留意到小白羊探索这个世界的方式就是身体力行。他必须要通过摸一摸来搞清楚到底是什么东西,这让你很崩溃,尤其是当他将你最珍爱的收藏品置于危险之地,它即将支离破碎的时候。

小白羊永远不会像你一样理智,但这并不意味着你的孩子不聪明。当他迅速打开你锁在零食柜上的儿童安全扣时,你会明白这一点。跟小白羊沟通的最佳方式就是说话做事尽可能地搞笑。白羊座幽默感很强,在你用夸张的动作告诉他触摸火炉或是跑到马路上会很危险的时候,小家伙会咯咯咯地笑好久。将来小白羊一定会感激你,因为你可以如此饶有趣味地付出你的爱心和保护。

双鱼座

不要害怕小白羊尖叫或恸哭。他很难做到温顺、感性，但你一定会爱上他的勇敢和卓越。白羊座的孩子从小就像个小英雄，从第一次翻身到第一次迈腿走路，这个小家伙的表现都令人不可思议，他冒着各种从床上跌落或是跌破脑袋的危险，一遍又一遍地努力尝试，不达目的誓不罢休。

你要教会小白羊最重要的事情，是学会更感性些。小白羊的性格跟你截然相反，他不会考虑到别人的感受。给小白羊举例说明照顾和分享可以收获很多东西，比如友谊、赞美和爱。不要给小白羊灌输恐惧感。即便是世界末日来临，在小白羊第一次穿越操场、第一次爬梯子的时候，也要大胆放手。你不可能阻止他的每一次跌倒，但可以尽可能地给予温暖的拥抱，当然还有创可贴。

Lulu

总是那个跟在大男孩屁股后面的"小尾巴"

白羊宝宝 Lulu + 双子妈妈瓒西

Lulu 是典型的火相星座性格，说话早、脾气大、精力旺盛、好奇心强，有一股"说干就干、说走就走"的直爽劲儿。她喜欢跟着欢快的音乐蹦蹦跳跳，喜欢在大自然里享受阳光、绿树和花草，可以一刻不停地在草丛里追蜂捕蝶，也可以专注地蹲在地上掏蚂蚁洞、看蚂蚁搬家，全然不顾天色已暗。如果一整天都闷在家里，小家伙就会变得坐卧不定、烦躁不安，乖乖地待着看书画画简直就是妈妈的奢望。在院子里玩的时候，Lulu 更喜欢那些疯跑打闹的大哥哥，她总是那个跟在大男孩屁股后面的"小尾巴"。虽然爬不了那么高的树、蹚不了那么深的水，但只要能和他们在一起尽情地嬉笑打闹，她就会乐得咯咯大笑。

Lulu 生下来没多久我就意识到，这是个"不达目的誓不罢休"的小妞。在还不能用语言表达自我的时候，她会用持续的尖叫和大哭来表示抗议和不满，着实让人头疼。

即使在洗澡的时候,她也会随时挣脱妈妈的浴巾,光着小屁屁冲出去拿自己想要的玩具。

随着 Lulu 逐渐长大,我更能强烈感受到白羊座坚定执着、勇往直前的特质。在传说中"恐怖的 2 岁叛逆期"到来之后,Lulu 的自我意识愈发显露,渴望用自己的观点看待世界,渴望用自己的方式解决问题。跟大人唱反调似乎能让她得到更大的精神满足,稍有感到压抑和束缚,小火山立马爆发。一次 Lulu 正津津有味地吃着饼干,不小心掉了一块到地上,她以迅雷不及掩耳之势捡起来就往嘴里塞,我马上过去制止,她喊着:"我就要吃!就要吃!"看她丝毫不愿放弃手里的脏饼干我也急了,跟她拉扯起来。小家伙向来不甘示弱,发现自己处于弱势,反抗的小宇宙旋即爆发,生气地把一包饼干扔得远远的,扯开嗓子就开始大哭,而且越哭越凶,甚至在地上打起滚来,撒泼耍赖。这下我也火了,心想绝不能就此妥协,非得好好教训一下她的暴脾气不可,于是抱起她的屁屁准备开打。就在鬼哭狼嚎、手起将落的时候,突然听到一声"妈妈我爱你……",声音很小,但这时仿佛一切都停止了。狡猾的机灵鬼!看着 Lulu 倔强又可怜的目光,我心中的怒气瞬间被融化了,同时也突然意识到,对付这头倔强的小白羊,"以暴制暴"是行不通的,其实道理她都明白,她需要的是耐心的沟通和交流。从此之后,每当 Lulu 大哭大闹的时候,我不再对她大吼大叫,更不会动手,因为我知道正面对抗毫无意义,小白羊是绝不会认输的。当然这并不意味着听之任之,而是要让她把负面情绪宣泄完毕,再帮她擦干眼泪,站在她的角度表示理解,同时耐心地给她摆事实、讲道理。正确疏导孩子的负面能量远比一味压制更考验家长的心智。

白羊座的孩子需要一只冷静、耐心,而又强有力的手来积极引导,在屡遭挫折之后,我慢慢总结出做事之前"约法三章"的办法。比如看电视之前约好只看半个小时,吃巧克力之前商量好只吃1块。一旦她参与了规则的制定,好胜的小白羊会觉得这些规则很神圣,自然也就会自觉遵守了。这样既培养了孩子守信守则的习惯,也可以避免出现不受控制、难以收拾的局面。Lulu每次坐摇摇车都只玩2次,每当她心满意足地把车让给其他小朋友的时候,别的家长总会羡慕地说"你家孩子真懂事",其实Lulu也有过哭着喊着一百头牛都拉不回来的时候,但自从"约法三章"之后,她逐渐养成了做事之前先征求大人意见的习惯,在双方意见达成统一再去执行的时候,冲突和对抗就大大减少了。当然在孩子遵守约定后,别忘了尽可能地给予鼓励或奖励哦。

Lulu很快就3岁了,在她成长的道路上还有很多未知等待我们一起去探索,在教育孩子的过程中跟随她一同成长,何尝不是一件快乐而幸福的事呢。

金牛座

沉静而固执的小蛮牛

出生日期：4月21日-5月20日

守 护 星：金星——质朴而感性的一面

旺　　星：月亮

幸 运 色：棕色、米黄色

幸 运 石：绿宝石、橄榄石

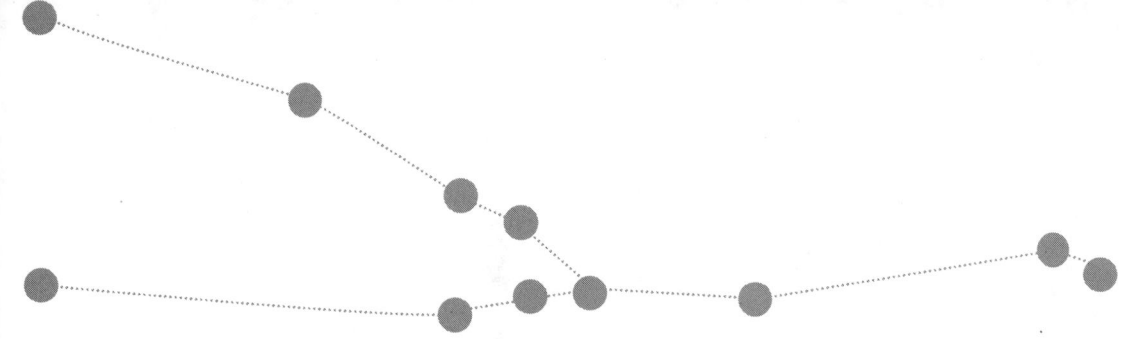

　　如果有机会看到你的小宝宝与一群金牛座宝宝同时出现在育婴房,你可能会惊奇地发现:金牛座似乎都不怎么喜欢手舞足蹈或是放声大哭。几乎每一个金牛座都显得那么温文尔雅,他们的这一特质似乎从小便显露无疑。这或许得益于他们人生之初便拥有了一个极符合金牛座理想的生存空间:没有太多恼人的事儿需要顾虑,每天衣来伸手饭来张口,还有温暖舒适的床铺安睡。谁让这些金牛座宝宝们都出生在春天最美好的时节呢,水草丰盛,衣食无忧!而你又怎能忍心责怪他们的享受当下、安于现状呢?

　　金牛座们总是努力捍卫现状。从某个角度来说,这是一件好事,这意味着金牛座会跟着你的进度,完成每日的常规计划。但问题是,当你试图在他们平静的生活中投入一颗石子,金牛座宝宝们应对变化的速度也将十分缓慢,甚至会影响他们进入下一个成长阶段,更麻烦的是,这些进阶里程碑中还包括"承担责任"这一重要事项。

金牛座宝宝们富有实践精神,且效率极高,但他们通常缺乏上进心。只有当金牛座宝宝们在对的时机,被准确告知当务之急是必须完成某项任务时,他们才会用惊人的效率完成,从而震撼你的认知!当然,同理,当金牛座宝宝们遇到那些他们不想做但被人逼迫着完成的事儿时,那么恭喜你,你将陷入一场艰苦卓绝的战斗中!

例如,你可能才享受了金牛座宝宝因为小睡而产生的静谧时光,就立马被他们瞬间变身的固执难伺候击倒,而这一切仅仅源于你的一个洗澡建议,要知道金牛座宝宝们就是这么一群"小蛮牛"。你必须让他们慢慢发展,用他们熟悉的玩具和其他诱人的方式来迫使他们就范。

★金牛座男孩

小金牛男们是沙滩池里最温和最不易惹事儿的孩子了。他们和其他孩子一起玩,对女孩儿更是温柔。这将使你的小金牛男在其他家长和同伴眼中变得格外受欢迎,而你也很为拥有这么一个动静相宜的孩子而自豪!

但是,当其他孩子企图拿走小金牛男的某个玩具,或是你坚持让他和其他孩子一同分享某件玩具时，这一切将戛然而止。对于小金牛男来说，这将是莫大的侮辱！小金牛男们将誓死捍卫他们的所有物和领地，绝不退缩。如果你足够幸运，你的小金牛男将会略施小计用"平均分享"的招数赢得你的同情，并保有他的所有权。

小金牛男们聪明且招人疼爱，但是他们也可能瞬间变得极具身体攻击性。你要是傻傻地跑去嘲讽小金牛男，或是未得到他们的许可拿走了他们的东西，那么你可要小心了！他可能会因此打你、踢你、咬你，到头来不管是你还是小金牛男自己，都会惊讶于他的瞬间破坏力！但归根结底，他的初衷只是在捍卫他的所有物不被不能真心对待它的人损坏。

善用生活中的点滴来教导你的小金牛男"如何分享和给予"美好的事物吧，从年幼时与他人一同分享玩具和关注开始！你甚至可以让他一同照顾家中体弱多病的老人，或是体会"赠人玫瑰，手有余香"的美好感受。在家里，请让他参与简单的游戏，小金牛男们将通过"轮到他才能掷色子"的游戏设置，体会等待的价值，甚至他将通过游戏发现"即便没有赢得比赛，游戏中还有很多乐趣可以体验"这一真理。你的小金牛男更喜欢那些变通的办法，使个小花招，只要保障他最终加冕为山城的国王或是糖果城的市长。即便是略有曲折，他依旧能每次从中获得快乐！

★金牛座女孩

小金牛女生们沉稳甜美,甚至她们会暂时配合大人们的游戏,装扮得像个小仙女。她们还热衷于"过家家",坚持让你参观她们的茶具和瓷器收藏,直到你的脑海里印有一个详尽的"财产清单"。你的小金牛女聪明且富有进取心,她们将会引导你认真思考"自己应该给她买点什么",长此以往,为了不加快你的"败家"速度,你不得不独自出门买衣服、买鞋子,坚定地把你的小金牛女留在家!

基于她们的"小贪心"和"自我防御"天性,小金牛女们十分乐于展示她们的玩具,当然分享则是另一回事儿了!因此,你必须在家里来客人前与她深谈一次,让她决定保留一件(只有一件)她最想保留的玩具,不与他人分享,而这将避免小金牛女在他人染指她们的宝贵财产时勃然大怒。但是,当你的小金牛女参观别人家时,她貌似也很乐意接管其他孩子的玩具所有权。小金牛女们可能表面上看来很被动,但是一旦与同龄孩子深入互动时,她们便会变得盛气凌人起来。你的小女儿将会热衷于制定规则,并指使别人遵守。所以,请务必留意她的一举一动，以保证她不至于和朋友们渐行渐远。

你的小金牛女很讨人喜欢，但是她似乎并不想要太多的朋友。她也不喜欢在玩耍时被打搅，超过两个孩子以上的玩伴儿便会让她不舒服，她还希望她的玩伴儿和她一样和谐沉稳。为你的小金牛女提供成长所需的平和与安宁吧，不用为她只和一两个人交朋友而头疼。她并不是社交发展迟缓，她只是在精挑细选值得交往的伙伴！通常，总有人会赢得她的认可，最终成为她的莫逆之交。虽然，小时候她可能仅以"谁能服从她的指令"来选拔朋友，但是随着长大成熟，她将最终选择那些和她一样忠诚、强大、有能力的人作为终身挚友。

★天赋和兴趣

收藏

金牛座宝宝喜欢收集物品，将获取的"战利品"放在他们能看到的地方，将会给他们带来巨大的满足感。尽管金牛座宝宝偶尔也会有大方的举动，但是总体而言，他们具有强烈的"归属意识"，他们能从对物品的占有中获取满足。这种满足感可能最初只是始于满柜子的动物玩偶或是音乐盒，但慢慢将蔓延到越来越值钱的收藏品上。金牛座那"昂贵的收藏品位"早已声名远扬，尽管开始之初，这一特质与年龄成正比，年龄越小，收藏品的价值越低。

语言

金牛座宝宝与世界的接触始于触觉和听觉的双重感应，因此对于你的孩子来说语言显得简单易学。书籍中的词汇表达和触觉体验一样有利于你的小蛮牛理解你究竟在诉说什么。当你的宝宝学会新的词汇时，无论是要求吃的、喝的还是玩的，都让他尽量用语言表达。如果你不这样的话，那么叽叽咕咕各种奇怪的声音，甚至是尖叫声都会成为金牛座宝宝表达自我需求的途径。

建造

金牛座宝宝是天生的建筑师，这也是为什么你的孩子喜欢有目的性活动的原因。带有卡通形象的几何积木分拣桶、普通积木都是金牛座宝宝的心爱之物。随着孩子年龄的增长，你还可以鼓励他们向仿真模型或是以建造城市、星球或是梦想之境为目的的电子游戏发起挑战。

★小小的挑战

金牛座宝宝是如此的安然沉静,以至于我们总想用双倍的奖励来满足他。但是,当他们慢慢长大,你同时也会发现他们的需求越变越多,越来越不容易被满足,你必须从小教育金牛座宝宝们"知足常乐"和"自力更生"。当然,这并不意味着,他们必须小小年纪便放弃父母的善意帮助,自行完成上厕所、系鞋带、穿衣服等"高难度"动作。但,这意味着你们——金牛座宝宝的父母们,有义务教会孩子们生存的技巧,帮助他们拥有强大的身心以抵御金牛座与生俱来的倔强天性。或许你曾有过被金牛座宝宝婴孩时期所表现出的安静、乖巧秒杀的经历,但随着他们长大成人,你将慢慢发现,他们的小身体里似乎住着一头如影随形的小蛮牛,一旦他们的要求无法被满足,或是不想做某事,抑或是被迫分享他的心头之好时,这头小蛮牛便会主宰他们的身心。而你必须正视金牛座宝宝的这一性格特质!金牛座宝宝将是你所见到的最有可能迫使父母为他们的玩具、零食或是行为"买单"的高手之一。如果你不想让你的小金牛变身为独裁者,那么你一定要比你的小蛮牛更加强硬、坚定,否则你必将深受金牛座臭名昭著的牛脾气之苦!

★管教金牛座宝宝的秘诀

几乎所有的金牛座宝宝都难逃魔咒,他们随时有可能拒绝你的命令,不收拾玩具,不刷牙,不穿鞋子,让金牛座宝宝服从一个简单的命令也会大费周章。爸爸妈妈们,为了你们能准点赶上约会或是参加活动,请务必多预留十几分钟给你们的金牛座宝宝吧!要知道促使金牛座宝宝们从一个"工作"场景转向另一个"工作"场景,可不是一个省心活儿!如果你还妄想把金牛座宝宝们从电子游戏中拉开,那更是痴人说梦、难如登天了!金牛座宝宝们生来崇尚"有始有终"的哲学思想,要让他们半途刹车,停止那些全情投入的"工作",那可真要他们的"小命"了!你所能做的只有坚定不移地贯彻纪律原则!为金牛座宝宝们设定界限,诸如必须背书包离开家的时间,或是晚饭前必须洗手的时间。当然,如果被小金牛伤透了脑筋,你还有一个下下策!偷偷藏起一两件小金牛最爱的东西,直到你的小金牛妥协,跟着你的步调行动时,再物归原主。原因无他,谁让安全感和占有欲才是构成金牛座宝宝幸福的决定性要素呢!

★金牛座宝宝的最爱

跟你的金牛座宝宝一起唱的歌

《造房子》(Build a Home)：对于金牛座宝宝而言，这首歌的旋律将为他们带来极大的快乐！

《再过一条河》(One More River to Cross)：诺亚的收藏品之歌！

《安静，宝贝！》(Hush Little Baby)：一只小公羊和钻石戒指的故事，棒极了！

跟你的金牛座宝宝一起看的电影

《玩具总动员》(Toy Story)：对于金牛座宝宝而言，玩具也是有个性的！

《怪物史瑞克》(Shrek)：金牛座宝宝们时常需要鼓起勇气，"走出沼泽"！

《阿拉丁神灯》(Aladdin)：金牛座宝宝们一定会喜欢这个可以满足他们一切愿望的神灯！

和你的金牛座宝宝一起玩的游戏

露营：猜猜金牛座宝宝们会带多少宝贝一起去野外宿营吧？

红灯，绿灯：让金牛座宝宝们学会"暂停"和"前进"之间的转换吧！

寻物游戏：这能帮助金牛座宝宝们学会如何关注和找寻东西！

和你的金牛座宝宝一起读的书、诗歌和童话

《费迪南的故事》（The Story of Ferdinand by Munro Leaf）：这是一个关于生性平和的小牛的故事，它将帮助金牛座宝宝明白为什么我们都更喜欢性格温和的人。

《来吧，黄油，来吧》（Come, Butter, Come）：看看蛋糕究竟会不会神奇般地变出来？

《点石成金的故事》（The Story of King Midas）：它将为金牛座宝宝们讲述"极端唯物主义"将会把我们带向何方……

用这些食物犒劳金牛座宝宝吧

奶酪：让金牛座宝宝们细细体会食物的原味，在不知不觉中感受食物的滋味。

调味花草茶：这将帮助金牛座宝宝润嗓，并且有助于调节他们的味觉喜好。

苹果酱：顺滑美味的口感将有助于金牛座宝宝相对慢热的体质。

提示：金牛座宝宝享受美食，但对食物的原料、温度有着不逊于口味的要求。他们的口味很早便会成形，因此，请务必注意他们的食物品种多样性！否则，你将发现某些金牛座宝宝养成"只吃某一特定类型食品"的怪癖，例如只吃面包、奶酪之类的白色的食物。

★金牛座宝宝的着装风格

实用但品质优良。金牛座宝宝喜欢质地柔软舒适的服装。你的小金牛不太偏好鲜艳的色彩,他们更享受中性化的色彩。

女孩:她冬天最爱舒适的天鹅绒或丝绒面料,到了夏天则钟爱凉爽的棉质面料。

男孩:最要紧的是穿着方便,不一定款式繁多。他可以接受单一款式不同颜色的衬衫,但是只要款式好,即便一种颜色穿7天,对他来说也不成问题。

★金牛座宝宝的环境

相对房间装饰的多元化风格,金牛座宝宝更重视居住环境的品质。育婴房里一条舒适的毯子或是一张满是靠垫的舒服椅子,都将成为金牛座宝宝人生第一件满分家居。

★安抚沉静的金牛座宝宝

婴儿时期的金牛座宝宝们当然也会哭叫，但那一定是有什么让他们不舒服了。他们并不太在意周遭的环境，他们需要的仅仅是按计划准时为他们提供各种基础服务。他们的这一特性决定了，一旦改变作息时间表，他们将是最难伺候的宝宝。如果你家来了客人留宿，那么这将对你的小金牛造成莫大的困扰。金牛座宝宝们需要按时上床、按时起床。如果你的小金牛处在不安状态，轻柔的歌声或是轻抚他的脖子和耳朵，将会安抚他的情绪，要是有小肿块或是小擦伤，这一招也同样管用。尽管你的金牛座宝宝有着与生俱来的对稳定生活的追求和虚张声势的小霸气，但是他依旧需要你时刻向他暗示，周遭一切安好，这样才能安心生活。

★如何激励金牛座宝宝

金牛座宝宝热衷于不断重复同一件事儿，爸爸妈妈们必须不断尝试将新的理念和挑战引入他们的生活，并且鼓励他们参与新事物，例如：

- 地板拼图：金牛座宝宝不得不四处寻觅，把散落四处的碎片拼凑在一起。
- 触觉书：轻轻拍打假皮毛和小片的砂纸，将会为金牛座宝宝带来更为生动的感官体验。
- 连锁砖：为金牛座宝宝打开一扇四通八达的建造之路。

★金牛座宝宝的学习方式

金牛座宝宝的学习过程就是一个不断试错的过程。如果你看到你的小金牛不断试图将一个方形积木放到圆形桶中的时候，请一定克制自己，默不作声让他继续吧！你将被你看到的事实所震惊，因为我们的小蛮牛发自内心地相信自己的选择是正确的，他们会持续不断地用行动证明他们的结论。而这一特点用在学习上还真不是个什么坏事儿！金牛座宝宝们可能成为学校里最专注的孩子，他们从不畏惧学业上的艰难挑战，不解开难题誓不罢休。

12星座父母 VS. 金牛宝贝

作为爸爸妈妈,如果你的星座是……

白羊座

知道吗?你有一个沉静恬然、看上去全然无害的小家伙!他可能正在育婴室里裹着襁褓酣睡,也可能正穿着温暖的棉衣躺在婴儿车里,亦可能在安全舒适的婴儿篮里伴随你出行。当一个小婴儿能够允许你拥有自己的生活,悄无声息地睡自己的觉的时候,你还有什么可奢望的呢?无论如何,金牛座宝宝的沉静性格都是

一种美德，但是，你可别真的以为这就是金牛座宝宝的全部面貌！

你必须认识到，你和你的金牛座宝宝有着本质的不同！当你追求勇往直前的人生的同时，你的金牛座宝宝仍在固守他的安逸生活。举个简单的例子，你可以鼓励你的金牛座宝宝成为你理想中的童车赛冠军，但是，如果稍不注意他们的牛脾气，就可能事与愿违，让你陷入更大的麻烦。金牛座宝宝的个人意志毫不逊色于你，因此你们双方必须相互妥协。如果你能放慢节奏，让小金牛们尝点小甜头，那么共同享受人生的成长将变得简单现实！

金牛座

你当然无权抱怨拥有一个安静宝宝，他就是你的翻版，你们同样热衷于宁和安静的日常生活。从你看到你的金牛座宝宝第一眼起，你便将醉心于为他的人生提供各种"过来人"的建议。随着他们逐渐长大，不管你多么深爱你的孩子，你们的"蜜月期"终将完结。一旦你的小金牛的自主意识被激起，你们之间的战争便会绵延不绝。

养育同为金牛座的宝宝，你首先要克服自己的顽固本性，为你的小蛮牛做出榜样，让他学会变通。这不意味着你必须屈服于孩子的古怪念头，但是这意味着你必须用行动展现"相互退让将会对彼此有利"这一事实。金牛座生来擅长讨价还价的艺术,即便他们老爱以"这些都是我的……"作为开场白。试着通过游戏的方式来告诉你的孩子这样一个真理:这个世界不是围绕他一个人转的,他的愿望不可能全被满足。而在此过程中,你和你的孩子都将受益匪浅!

双子座

金牛座宝宝的微笑将为你带来前所未有的满足感!这个安静的小家伙将是你们全家的骄傲。你不会受到任何宝宝夜啼、不肯睡觉的困扰。而你的金牛座宝宝每向你展示一样他的新本领,都将让你高兴半天,随着年龄的增长,他们所取得的每个阶段性的进步更将让你自豪不已。

有趣的是,你和你的小金牛有着截然不同的沟通方式。你善于用语言准确描绘想法,而金牛座宝宝们则更倾向于感性而含蓄的语言,或是用焦虑的举动来表达他们潜藏的想法。如果你的金牛座宝宝感到不安,那很有可能是你忽略了某些你们都习以为常的事儿,例如你在他小睡时没有打开床边的音乐灯。用你的智慧和耐心来解决金牛座宝宝偶尔为之的暴脾气吧,但别轻易妥协,金牛座宝宝盛气凌人的小脾气还是需要大人来收敛一下的!金牛座宝宝最期望一成不变的生活,而你则喜欢生活中充满各种可能性，因此你们唯有相互理解、达成共识，认识到这个世界没有唯一正确的生活方式，更没有完全一样的人生！

巨蟹座

你的金牛座宝宝将会无条件地喜欢上你对他的关注和育儿技巧，而你也会在此过程中感受到他对你的积极反馈和喜爱。当他看着你时，你似乎能从金牛座宝宝的脸上读到"谢谢你照顾我"之类的话，他似乎能明白你的所有情意。这或许是真的，但是可别指望所有的金牛座宝宝都和你一样敏感，易于产生共鸣。金牛座宝宝们可以很善良可亲，但他们并不如想象中那么慷慨和理解力超群。

事实上，你可千万不要轻易被金牛座宝宝所征服。只要你的小金牛略微显出"霸道"的本性，你就必须加以制止。他们必须了解，你的善良和好脾气并不会阻碍你坚持自己的立场。你可以满足金牛座宝宝的需求，尽量尊重他们的生活节奏，但这不意味着你对他们言听计从。在金牛座宝宝脾气上来的时候，请务必保证你的公正不屈。你们俩可以成为最好的朋友，注意，这仅限于你将自己的角色定位于父母——他们的资源提供者！如果有一天金牛座宝宝变身为你的老板，那么你的噩梦也将随之开始！

狮子座

金牛座宝宝似乎一开始便能赢得你的欢心,因为他和你有着同样沉静高贵的品质。虽然不如你光芒四射、个性张扬,但是金牛座宝宝的"霸道"却毫不逊色于你。如果你有机会就什么时候该睡觉、什么时候该出发之类的问题和金牛座宝宝杠上的时候,你就知道我指的是什么了。

你崇尚纪律的领导特质对金牛座宝宝将是件十足的好事。你对事有着高要求,而金牛座宝宝们则是最有可能达成你要求的对象。尽管他们看上去竞争意识并不强,但是会热衷于向你展示他所具备的强大能力。事实上,一旦金牛座宝宝们安然度过最初的几周,他们便会具有强大且坚定的个人意识。你将很难劝动他们跟着你的节奏行事,但是作为家长,这将是你不得不解决的问题。当然,解决这个问题必须趁早,越早越容易解决。而你必须用实际行动告诉你的金牛座宝宝这个家里谁更"牛",谁才是"老大"。

处女座

似乎从很早的时候你便认定,你的金牛座宝宝会是你的"贴心小密友"。这个平和、实际、秩序感强、逗人喜爱的小家伙简直是为你量身定做的。显而易见，你和你的小金牛座宝宝拥有很多共通之处：都是实用主义者，都喜欢平和的生活环境，也都享受自然。但是，你必须意识到，即便如此，你们仍是两个不同的个体。

尽管你深知，在事前深思熟虑有多重要，但是这并不妨碍你的随机应变能力。但是你的小金牛的灵活性可没有那么高。他们宁可千辛万苦，甚至无视他人的需求，也要按他们的方式坚守路线，扫除眼前一切障碍物。这样一来，你必须为消除小金牛的固执花费好一番口舌。你还必须坚守你的原则，时刻提防小金牛只是口头上对你妥协，乘你一不注意他们又会走回老路。

天秤座

你和你的金牛座宝宝将会一见如故。你们都是爱好和平的人，也都热爱享受生活中的美好事物。你的小金牛不会吵闹或是难以取悦，特别是在最初的相见时刻。金牛座的沉静天性将会主导他的行为，直到最初的"蜜月期"结束，他们幡然醒悟到，你才不是那个任他们予取予求的家伙！

当然，几乎所有的孩子都会为获得额外特权而与父母展开斗争。而金牛座宝宝则是他们中战斗力最强的一员，他们甚至会为了让你多受点苦而拖延战斗的时间。但既然现在你已经成为一家之长，你就不能再置身事外了。特别是当你试图亮明自己的观点时,请务必展示出你高超的外交手腕,借此恢复家中久违的宁静。只要你不拿出一副"一切我说了算"的样子和金牛座宝宝沟通,那么平静一定指日可待。你还可以试着去做一个公平、可信赖的"当权者",放手让你的金牛座宝宝认识"施与取"的概念,让他们了解,有时"给予"比"获取"更让人满足。

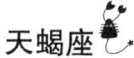
天蝎座

你的小金牛将让你感到陌生、强大,但极具吸引力。虽然你们都清楚彼此是如此不同,但对你们来说,这恰是一个相互了解、共同构建亲子关系的好机会。小金牛绝大多数时间都表现得安静、平和,只要你满足他基本的需求,他便不会对你有任何抱怨。

当你的小金牛慢慢长大,如果你试图把自己的意愿强加到他的身上,那你可就棋逢对手了!你和你的小金牛都想成为这段关系中的掌权者,但是你才是家长,所以请务必保证你才是最后夺权的人。如果你希望你的孩子能够获得他人的认可,这么做就显得更为重要了。虽然这是一场持久战,但你终将胜利。你可能并不习惯这样被人挑战权威,但是在小金牛的督促下,你一定能开发自身的潜力,在保持强大内心的同时,给予生活更多的灵活性。

射手座

你可爱的小金牛不易受到外界干扰的特质将为你带来极大的愉悦。从你手忙脚乱地为他换上第一块尿布开始,他的好相处便会赢得你的欢心。只要他们被妥善照料,他们便不会有任何的不满产生。直到他们慢慢长大,你才会渐渐醒悟你的一举一动会对他们产生多大的影响。金牛座宝宝们绝不是言听计从的家伙,早晚有一天,你会因为他们火山爆发而清楚地意识到这一点。

当这一刻来临之际,你可能会落荒而逃。即便意义不大,你也会急于寻求专业帮助。但此时此刻,你只需小心不让小金牛们为了达到目的乱使蛮力就好。你可以通过滑稽的声音和婴儿奶嘴分散金牛座宝宝的注意力,让你的小金牛更为变通,逐步增加他们的可塑性。有一个像你这样具有幽默细胞、寓教于乐的家长,小金牛们的幽默感一定也会越来越足。

摩羯座

你和你的金牛座宝宝将会度过一段平稳的相互适应期。你们俩经常执着于同一件事情。你热爱安逸的生活,期望能为这个世界做些有用的事情。而比起绝大多数孩子,小金牛们更加沉静,他们渴望舒适的生活,但大多对工作没有太大的兴趣。你必须身先士卒,将你对事物的激情与风险精神传递给小金牛们。

你的小金牛乐于安于现状,所以当他们的这种趋势日趋明显之际,你必须告知他们后果。和你的孩子一同玩积木、搭拼图吧,或者带领他们到处转转,引导他们拓宽视野,用亲身感受开启他们对科学、音乐以及艺术的兴趣。金牛座宝宝们并不适用过度激励,但当他们停滞不前的时候,给他们些新刺激还是很管用的。尽管你经常用玩具或是小礼物吸引小金牛的注意,但是对他们来说,最好的礼物依旧是你的陪伴。每天抽出点时间给你的小金牛,你们的关系将更加和谐!

水瓶座

毫无疑问,金牛座宝宝是上天赐给你的宝贝。你将沉溺于他们的坚毅与果断中,并且感恩于他们不吵不闹的性格。金牛座宝宝会使你对他们产生足够的信心,让你相信,在你的帮助下,他们一定能成为世界上最杰出的公民。

你将向你的金牛座宝宝逐步灌输一定的价值观,但是你首先需要了解他小脑瓜里的所思所想。事实上,安全感是激励小金牛们的原动力。你需要确保他们绝大多数日常需求被妥善满足,但是你也必须鼓励你的小金牛在年龄和能力允许的前提下学会"自己的事情自己做"。千万别把你的家长义务局限在诸如陪孩子玩电子游戏或者其他互动玩具之上。如果你真的想向你的孩子传递你的价值观，那么你必须在照顾好他们的前提下，与他们加深交流。有时你在现实生活中的创意能力可能会困扰到你的小金牛，但是他们也将因为你的无限创意，获取独一无二的成长快乐！

双鱼座

这只可人的小金牛将让你的心中充满了爱！他的一个笑脸便可以让你死心塌地，努力满足他们的一切需求。但是如果让你日复一日这么做，你的反应可就不是这样的了！金牛座宝宝可是习惯的动物，但很显然这与你恰恰相反。对你来说，每日履行一样的生活轨迹，简直会要了你的命！

你的小金牛可以甜美可爱，但是他绝不可能像你一样慷慨大方。事实上，你将鼓励你的孩子分享他的玩具，吃好东西时按需索取。金牛座宝宝的"贪婪"本性并不意味着他们心胸狭窄。他们只是想守护资源并确保不会浪费。即便如此，你还是需要教会小金牛们信任他人、彼此分享。如果可以，你应该用实例让小金牛们体验到，"分享"的快乐将更甚于简单的"给予"或"获得"。展开你的想象力给他们讲故事，或是引导他们从小在实践中获取新知。持之以恒，小金牛们将回报给你数之不尽的获奖证书，这将是你教师生涯的终极成就！

金牛宝宝小夏 + 天秤妈妈奕蕾

　　亲爱的李小夏同学，认识你三年零四个月了，初见时的安静害羞似乎还只是昨日的记忆，转眼你却已经慢热但坚定地转化成了一个内心包藏烈火的闷骚金牛男。表象上的安静害羞，很容易让人无视你的存在；但是时间一长你内心的那团小火焰便会照得每个人心里都亮堂堂的，让人无法忽视。而安于现状、慢热的性子，也常让本来年龄就小的你，显得比别人晚熟几分；好在晚熟并不代表"不会熟"，时间到了，你的频道似乎就会突然反转，甚至逆势反超，表现抢眼。不得不提的是你的固执强势，这坏毛病总让人误以为你天然呆，情商不高；尽管你愣是凭着这股"牛脾气"克服了很多同龄孩子克服不了的困难。最后，请允许我学学你的闷骚劲儿，把觉得"每天风雨无阻踏着小脚丫和妈妈挤高峰公交车、步行半个小时上学"这种小事有多了不起的想法藏在心里，不让你知道我有多为你自豪！

在被你教育了三年之后，你的天秤老妈终于学会了不再纠结于金牛座的各种天性使然，转而尝试更多地"顺势而为"。天知道这对于你纠结的老妈是个多大的决定！于是，每天跟着你的脚步走路便成了你老妈的必修课：你安静害羞，那么我陪你一起交朋友，一起做那些你想做但不敢跨出第一步的事儿；你慢热不喜欢变化，那么我做什么都提前告知，让你提前准备，甚至早早和你对着钟表讨论时间问题；你固执坚定，那么我们就来聊聊你为什么会有这样的坚持，找找里面变通的可能性；你闷骚但心藏烈火，那么我就来做你的秘密守护者，分享和保护你的小心思。

而你那个天蝎老爸，有着不逊于你的固执和强势，虽然他不见得承认这一点，但面对你，他也显得特别小心翼翼，生怕搞砸了你们间的父子关系。于是，他成为了你基础生活的保障者，吃的喝的玩的穿的，只要你有需要，他就会克扣着自己的零花钱买给你，换而言之，他才是你安全感的天然捍卫者。但，你也别太得寸进尺，特别是牛脾气一发不可收拾的时候，请千万注意别惹毛了你老爸，否则他一定会狠下心来拿出"小梳子"让天秤老妈收拾你的哦！别晃眼，你没看错，负责下狠心的是你老爸，负责下毒手的是你老妈，这就是你那个天蝎老爸想出来的父子和谐好政策!

言归正传,这些年你平凡的父母并没带给你太多的物质享受,有的只是尽力而为,而我们想做的和我们能做的之间依旧有着现实的鸿沟,但我们由衷地感恩你能够选择我们这个平凡人家作为你的出生地!

我们的小金牛男,谢谢你成为我们的家人,让我们有机会与你一起生活!

♊ 双子座

善于发现的好奇宝宝

出生日期:5月21日-6月20日

守 护 星:水星——伶牙俐齿、思维敏捷、有善变的一面

旺　　星:水星

幸 运 色:钢青色、银色

幸 运 石:玉石、蓝宝石

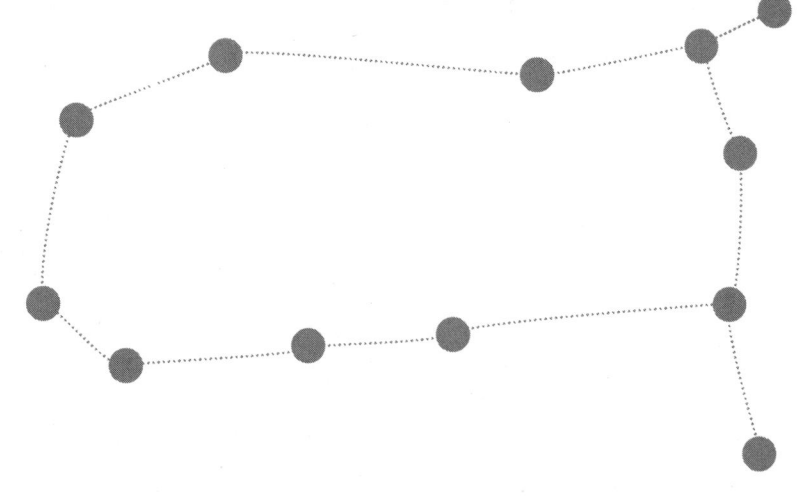

　　你正怀抱的是一个最会与人交往的宝宝，在你拥有他的时候，你非常享受把他拥在臂弯的感觉。你要抓紧时间享受这种温馨，因为一旦他长大了，你将很难再在视线中看到他的踪影！双子座宝宝生于春夏之交，是风相星座，这赋予了他风一样易变的性格。在他的成长过程中，他会遇到每个双子座都会遇到的小问题：固执地找出事情的真相，并尽可能地告诉更多的人。

　　许多双子座宝宝的大脑语言能力都非常发达，所以不要以为你的宝宝只是一个没有认知能力的婴儿。当他还躺在襁褓之中，无法说话和挪动身体的时候，他就开始试图交流了。他会用眼睛告诉你他想要的东西，还会在你给他哺乳的时候盯着你看。一旦掌握了说话的能力，双子座宝宝就会迫不及待地开始练习。出生不久的双子座宝宝就会发出声音,哪怕只是轻声的咕哝,也好像是在测试自己发音设备的基本功能。他们的嘴唇、舌头和嗓音发育得如同精密仪器一样完美,他们对此深深着迷。除此之外,双子座宝宝还非常喜欢研究自己的胳膊、手和手指,你会发现他们比其他星座的孩子更喜欢摆弄它们。

　　双子座宝宝对身边的环境充满了好奇,他时常左顾右盼,设法弄懂屋子里的每一个人。在认识周边世界的过程中,你的双子座宝宝更多的是通过听和看而不是触摸来获得信息,但这并不意味着你可以忽略他抓握物品和摇晃身体的动作。所有的孩子都需要父母的爱抚来获得安全感,虽然你的宝宝看上去自信独立,又不受管束,但他依然需要你身体上的抚触。

★双子座男孩

　　双子座男孩并不具有人们认为男孩应该有的诸如好斗的性格,他们对于打架和过分的争斗并没有什么兴趣。就像其他风相星座的人一样,双子座男孩希望得到他人的喜爱和赏识,这可以部分解释为什么他们在行动上比较被动。或许,他可以想象发动一场野蛮的战斗,当然,他并不参战,而是旁观其他孩子打斗,并为他认为会获胜的那一派加油助威。他还会记下战斗中所有的细节,在战斗结束后讲给其他孩子听。

和战胜别人相比,你的双子座男孩更倾向于学习如何战胜自己。当然,在大多数时候,双子座男孩不会被强者欺负,相反,他还很可能会想方设法和这个人成为朋友。双子座男孩拥有迷人的灵魂、丰富的性格,这些魅力能让他轻而易举地和所有人交往,而这种交往在很多时候与喜爱无关。双子座男孩能够理智地判断谁可以帮助他,从而决定与他成为好友至少是运动场上的伙伴。

你可以和你的双子座男孩经常谈论友谊,他很喜欢听这些。因为他的身边不会总是被朋友围绕,所以当他寂寞的时候,他会希望和你聊这些话题。你的双子座男孩可能会拉你和他一起玩他喜欢的游戏,也会喜欢听你讲故事。

给你的双子座男孩尽可能多的信息和关注。在他真正理解语言之前,你对他说的话越多越好,因为你的宝宝会明白你的知识有多么渊博。此后,当他遇到了大麻烦时,他就会来寻求你的帮助,相信你能给他带来安全。你们之间将建立起有趣而奇妙的友谊。

★双子座女孩

你的双子座女孩急切又含糊不清的话语一定给你带来了很多乐趣!她温柔可爱,对周围的世界充满了好奇。你要多对她的心智开发进行刺激,因为大部分时候,她是通过看和听来认识这个世界的。你可能要花费很多精力去教她远离危险,比如不能触碰危险的东西、不能去不安全的地方等等。

因为双子座女孩很想知道婴儿房之外发生的事情,所以你要确保你的家对她来说绝对安全。当你一旦知道怀上的宝贝是女孩时,你就应该这样做了。你可能无法想象,一个女孩会像你的双子座女孩一样喜爱到处乱走,但是,她也因此比其他星座的孩子更早地掌握了运动的本领。虽然她们没有必要成为运动员,但她们确实天生就喜欢四处走动,你一眼看不到,她们可能就走丢了。

给你的双子座女孩一个有意思的环境和一些有趣的玩具。否则,一旦她玩腻了,她就失去了耐心。不要用参与感低的方式来安抚她,比如让她看电视或者听广播,即使是专门为孩子制作的节目对她们也没有好处。当她烦躁的时候,可以开车或者步行带她看沿途的风景。

她喜欢和你互动，而不是单纯地被逗乐，她还特别热衷于把她的经历与你分享。告诉她与人交往是件好事情。事实上，她已经打算这样做了，不过，你的鼓励会让她建立起更多的自尊与自信。

双子座女孩喜欢交很多朋友，她们会付出很多努力来赢得友谊并维持下去。要让你的孩子知道，无论她是否和别人相像，她都是很出色的。否则，她容易变成一个盲目的模仿者。她希望得到别的女孩所有的东西，也许是一样的发卡和发带，从而通过这些东西和她们建立联系。这样的欲望在短期也许是无害的，但长期来说肯定会给她带来很大的伤害。

你的双子座女孩看起来似乎非常独立，对你没什么兴趣，但事实上，她一直在观察你的一举一动。要明确地告诉她，你就在这里，百分之百地守护着她。

★天赋和兴趣

灵巧的双手

双子座的宝宝善于从婴儿房或是屋子的其他角落找到一些好玩的东西，他们在熟练操控这些东西方面也有超乎寻常的能力。在宝宝走动的时候，要确保电源插座和炉子开关位于他们无法触及的地方。双子座宝宝的这种天性也有好的一面，他们在摆弄玩具和抓取食物方面比同龄孩子要早发育很多，他们还可以在不怎么依靠你的情况下完成一些简单的任务，比如玩玩具和吃东西。

语言

在很多孩子还在花费大量时间来学习说话的时候，一些双子座宝宝很早就掌握了说话的本领。双子座宝宝有个共同的特点：一旦他们开始说话，他们将不会停下！你的双子座宝宝会不知疲倦地向你询问日常物品的名称，并把单词以奇妙的方式组合起来。这样的一天结束时，你也许会精疲力尽，但你也发现，养育这样一个爱交流的孩子会给你带来无尽的快乐。

游戏

双子座宝宝喜欢游戏！你的小宝宝会把任何事情都变成游戏，从吃饭到收拾玩具。宝宝的这个特点也使得你在最初的一个月或者一年里，很容易管教你的孩子。如果你想和他们打成一片，就和孩子一起做游戏吧。这意味着你要重新学习拼图和下棋，或者是电子游戏。

★小小的挑战

双子座宝宝很难控制。这些孩子并不过分地依赖于家庭。如果你试图把他们拽回来,他们会非常愤怒。双子座宝宝理想的生活是,他可以在任何时候和任何人交往。你很难要求他们按时作息。

但是,为了你有个好的睡眠,也为了宝宝的健康发育,按时休息是非常必要的,所以你需要和宝宝协商,共同设定时间表,并严格执行。如果睡觉的时间到了,而你的宝宝拒绝执行,你就要温柔耐心地劝说他,同时一定要态度坚决,不要和他讨价还价。

如果双子座宝宝认为自己可能会受到处罚,他会倾向于避免说出实情。他们并不是故意撒谎,但如果有可能,你的宝宝会找到一种办法,既让自己相信真相,同时也相信自己编造的内容,从而逃避惩罚。

★管教双子座宝宝的秘诀

请记住,双子座宝宝最基本的要求是能够自由地学习和向别人传播新闻。当你试图阻止他这样做时,你会迫使你的宝宝制订精心的计划来逃脱你的控制,重新找到自由。在他年幼的时候,他可能采用踢打和尖叫的方式来表达不满,等他们长大以后,他们会采取更聪明的办法。

"限制社交"可能是更适合青春期孩子的惩罚方式,不过,对于双子座的孩子来说,这也是一种行之有效的方法,当他做了你不允许的事情时,你可以使用这种方法。比如,如果你的双子座宝宝在戏院或是重要的庆典等需要安静的场合说个不停,那么你可以在当时和事后取消他与别人交流的权利,你要明确告诉他,这种场合是不能随便说话的。如果因为他不诚实,你取消了他与别人见面和交谈的权利,这个禁令会令他印象更加深刻。

★双子座宝宝的最爱

跟你的双子座宝宝一起唱的歌

《字母歌》(ABC song)：这应该是双子座宝宝学的第一首歌。

《四肢歌》(Head, Shoulders, knees)：用双子座宝宝的双手在他的身体上做个迷你旅行。

《山谷农夫》(Farmer in the Dell)：简短的歌词中有大量的俗语。

跟你的双子座宝宝一起看的电影

《爱丽丝漫游仙境》(Alice in Wonderland)：兔子洞里的冒险经历引人入胜。

《布偶电影》(The Muppet Movie)：快乐歌唱的演员们全国巡演的故事，这能激励双子座宝宝的游历热情。

《小熊维尼》(Winnie The Pooh)：双子座宝宝会渴望遇见电影里所有的角色，他欣赏他们的个性和相互间的友谊。

和你的双子座宝宝一起玩的游戏

国际象棋：不要因为他们是孩子就小瞧他们，双子座宝宝掌握下棋技巧的速度超出你的想象。

拍手游戏：发挥双子座宝宝的想象力，让他们发现另一个自己。

打电话：毫无疑问，双子座宝宝会喜欢探究信号的传输。

和你的双子座宝宝一起读的书、诗歌和童话

《彼得兔的故事》（The Tale of Peter Rabbit）：一个关于伤害、犯错和原谅的故事。

《威利·温基》（Wee Willie Winkie）：双子座宝宝会爱上故事里满城疯跑的温基。

《海龟与天鹅》（The Turtle and the Swans）：即使是会飞的海龟，也有需要闭嘴的时候。

用这些食物犒劳双子座宝宝吧

手指食物：你的双子座宝宝爱边走边吃，容易咀嚼的薄脆饼干和奶酪条很适合他们。

苹果汁：甘甜的果汁能滋润宝宝的喉咙。

樱桃：吃着方便，还能锻炼手指灵活度。

★双子座宝宝的着装风格

双子座喜欢最新潮的时装,如果他的穿衣打扮不如同龄人,他会觉得自己很落伍。针对他的这个特点,你在为宝宝挑选衣服时,尽管不必一味地追赶时髦,但一定要考虑到他在时尚方面的需求。

女孩:双子座女孩希望穿上漂亮的卡通衣服,扮演流行的卡通人物,同时,她也很乐意穿上可爱的裙子,搭配上相衬的鞋帽,如果衣帽是钢青色和银灰色的,她会更加喜欢。

男孩:双子座男孩不喜欢穿与众不同的衣服。他喜欢穿素色的衬衣和蓝色的牛仔裤。宝宝的衣服要足够舒服和宽松,保证他们能够自由活动。

★双子座宝宝的环境

用彩色蜡笔、闪亮的金属色泽和荧光来装饰双子座宝宝的房间。营造一个他喜欢的居住环境,这也可以增加宝宝待在家里的机会。

★安抚紧张的双子座宝宝

双子座宝宝有时候会感到紧张,当他总是哭闹不止的时候,你要保持冷静。你只需要营造一个平静的氛围,减少一切噪音的干扰,带走他的玩伴,关掉电视,然后紧紧地抱着你的宝宝,让他感觉到安全,他就会安静下来。但你也要当心,别把他抱得太紧。对于双子座宝宝来说,舒适、自由与安全同等重要。

★如何激励双子座宝宝

你的双子座宝宝当然是聪明的,但如果要让他更加智慧,你需要训练他的持续注意力。可以试试以下的游戏。

- **分拣归类**:确保他能把所有东西收拾好。
- **木偶**:帮助双子座宝宝释放他恶魔的一面。
- **解谜**:鼓励他不要放弃,可以用去一趟动物园之类的奖励来鼓励他完成任务。

★双子座宝宝的学习方式

双子座宝宝通过听来获取信息,这也就是问题的症结所在。大多数双子座宝宝总是把听来的东西滔滔不绝地讲出来,这也就是为什么要教他们体会安静的美丽是非常重要的一课的原因所在。你可以把你的双子座宝宝带到大自然中,让他体会什么是安静,告诉他可以从大自然中读到无字之书。只要他们学会了专注,剩下的就不是什么问题了。

12星座父母 VS. 双子宝贝

作为爸爸妈妈,如果你的星座是……

白羊座

你会很惊诧,你的宝宝竟然能如此迅速地理解你说的话。因为他具备了这个能力,所以你要避免讲一些不想让他学到的话。

双子座宝宝会对你的情绪非常敏感。当他没有明显原因地哭个不停,你的脾气可能也会随之越来越粗暴。但其实,你只要牵着他的手来回走一走,他就会平静下来。

安抚双子座宝宝最好的办法是用平静而缓和的语调对他讲话。你能让他明白，吵闹和尖叫的孩子是不受欢迎的。双子座宝宝会爱上你的幽默，所以你尽可以在他面前随意搞怪，哪怕显得愚蠢也没有关系。双子座宝宝也喜欢冒险，所以你们可以在假期一起探寻和发现新的领域。

金牛座

当你有个双子座宝宝时，如果你只是静静地看着他，你会发现他非常有趣，他的好奇心会驱使他不停地进行探险活动。你的宝宝可能喜欢喋喋不休地说话、不停地运动，但是如果你因此以为可以对他放任不管，这也是不可取的。

你可能要被迫经常带宝宝出去玩，也许你本来并不想这么频繁地外出。你需要教会你的宝宝享受安静的乐趣，告诉他，一天之中至少有一部分时间应该安静下来。你也可以带他到运动场上，或是开车带他出游。你的双子座宝宝总是面带微笑，挥舞着双手，想和别人说话，所以你要鼓励他多参加社会活动。他强烈的交际愿望似乎和你喜欢安静独处的性格格格不入，不过，这些都只是表面现象。双子座宝宝很少会抛下一切地与人深入交流，他还是会随你一起坐车回来，于是，你又可以像最初设想的那样，在家里度过美妙而平静的一天了。

双子座

恭喜你！拥有一个和你一样星座

的宝宝就像梦想成真一样美妙。你们俩从一开始就会有默契而迷人的交流。无论你们是否懂得彼此的话语，你们都很享受这种亲密的沟通。你们会分享彼此的见闻，成为最好的朋友，不过，在这种关系中，你很难记得你应该扮演家长的角色。你应该适当和他保持距离，记得把他当成孩子来看待，并保留你家长的权威。

和你的宝宝建立平等的友谊是一件很愉快的事情，同时，你也要确保他知道事情的原则和底线。和你一样，你的宝宝也同样存在很难保持安静的问题。你可以和他做一些练习倾听的游戏，从而告诉他，听和说一样重要，你的宝宝会从中学到很多东西，也会从中找到乐趣。

巨蟹座

不要过多地担心你的双子座宝宝。跑来跑去、把地毯踢起来、焦虑地四处张望，对于这个小小的身躯来说都是再正常不过的事情。因为你的宝宝总是喜欢爬高登梯，所以你可能会忍不住拽他下来，可是，你要避免这样做，与其要求他待在婴儿房里别动，不如让他专注做一些感觉舒服的事情。大部分时间，双子座宝宝都会回应你的呼唤。

双子座宝宝会有些小滑头，而你倾向于把别人都想得很好，你们性格上的不同可能会带来一些问题。如果双子座宝宝偷了你喜爱的烘焙饼干，你不会介意。其实，你应该告诉他，在不经过允许的情况下拿东西是不对的。同时，你也不要被双子座宝宝疏远的态度伤害。在以后的生活中，你们的关系虽然不会像你希望的那样感情至深，但是在你的努力下，你们的感情还是会不断发展。

狮子座

如果你明智地留给你的双子座宝宝足够的空间，他会对你强有力的领导方式和大胆的家长作风崇拜不已。你们两人相知甚深，双子座宝宝会非常崇拜你，而不是怕你或者讨厌你的风格。在他年幼的时候，你可以通过恩威并施为你们的关系打下坚实的基础。你总是会把宝宝带在身边，对于一个社会型的双子座宝宝来说，被带去超市是一种探险。

你设定的规矩往往是很完备的，而且你可以判断出你的宝宝可能使用的逃脱规矩的招数，从而让它更加完善。你的宝宝会喜欢恶作剧，当他对你不礼貌的时候，那是他在用他的方式让你知道发生了什么，在你明白之后，他就会停止搞怪。在你的宝宝考虑周全之前，你就会非常敏锐地察觉到他接下来要做什么。你的这种能力可以让你们建立起近乎完美的亲子关系。

处女座

你和你的双子座宝宝关系非常牢靠，因为你们都热爱收集和整理信息。你会看到你的宝宝在房间里好奇地四处张望，你会与他兴奋地分享每一个新的发现。你与宝宝的不同在于，你们根据得到的信息会采取不同的行动。

你会很奇怪为什么你的双子座宝宝总是谈论周围人的一些琐事。

没有什么可以阻止你的双子座宝宝给你说各种各样的新闻！如果你想得到片刻的宁静，你可能需要比他早起一个小时。即使是在婴儿的时候，双子座宝宝也会要求你的关注，当他长大一些时，他会要求你告诉他一些物品的名字和发音。不要小瞧你的双子座宝宝，也不要因为你的宝宝太小，就不让他参与到谈话中来。你可以用你高超的教导技巧来帮助你的宝宝成长，你将会为宝宝过人的交往天赋而感到自豪。

天秤座

你和你的双子座宝宝会相处得非常愉快。他不会一直索取你的温柔和娇惯，他也会对你营造出的平静氛围积极响应。唯一的问题是，他可能会精力过剩地说个不停。从出生开始，你的双子座宝宝就显然非常喜爱自己的声音。别担心！这并不意味着他会经常哭闹，这只意味着你的宝宝会要求你持续的关注。他要求你不仅仅是倾听，而且要回应他的一举一动、一言一行。

双子座宝宝佩服你的智慧，和你一样，他也喜欢别人围着他转。也许，双子座宝宝会拿着一个娃娃，一脸不耐烦地问你，而且会坚持让你回答。这时你要明确你的界限。你不爱争执的个性可能会导致你放纵你的宝宝。你应该让你的双子座宝宝知道，他没有任何机会胜过你这样聪明的家长。

天蝎座

你和你的宝宝背靠背坐着,你们会很喜欢待在一起,但同时你们对世界有着截然不同的看法。你喜欢谋定而后动,一次只做一件事情,而你的宝宝会喜欢同时完成几项任务。即使在婴儿时期,双子座宝宝也有许多与他年龄不符的视觉和触觉的刺激需求。当他长大一些,可以到处爬的时候,你可能会跟在他身后不停追赶,精疲力尽。不过,很快,你就可以找到多种办法来确保他的安全。你们之间最根本的区别在于,你会不断钻研,从而彻底了解你身边的事情;而你的双子座宝宝则喜欢广泛涉猎,博而不专。

你可能希望教会双子座宝宝,在迫切地吸引别人的关注和一心一意的努力之间掌握好平衡。你无法改变他的性格,但你可以教会他一次专注于做好一件事情。你要运用好你的智慧和深思熟虑的处事原则。

射手座

真令人兴奋!你有了一个可以与之聊天和嬉戏的双子座宝宝。等他长大一些以后,你们还可以一起去探险!你们彼此都需要一些空间,但在某种程度上,你们也会努力靠得更近,你会把双子座宝宝当成你新交的好友,但其实,这对他并不好。你必须时刻记得你们俩的特殊关系:你是老师,而你的宝宝是学生。

学习可以让你的双子座宝宝保持注意力。不过,他天生的好奇心也会导致很多问题,比如沉迷于游戏、一件事没做完又去做另一件事,这些不良习惯会在他上学的时候带来一些小麻烦。所以,在他刚开始学习字母和数字的时候,你就要培养他良好的学习习惯,避免分心旁骛。如果你多花些时间来教导他,并让学习的过程专注而有趣,你和你的宝宝都会获得更多宝贵的知识。

摩羯座

在你刚认识你的宝宝的时候,他收集信息的能力可能会让你异常震惊。而且,这个小小的人竟然比你还能说会道,你还发现,他在说话之前会努力思考该说什么和如何去说。因为你无法改变双子座宝宝爱说话这个最重要的性格,所以,你应该享受它,而不是深感烦恼。

你的宝宝不容易苦恼,他喜欢活动,一刻不停。当他看起来情绪低落的时候,你就要检查一下,他是不是饿了、困了、尿布湿了,或是遇到其他一些让他感到不耐烦的问题。你的宝宝非常聪明,而且精力充沛。在给他玩电动玩具的时候,你要小心一些,因为双子座宝宝很容易沉迷于电动玩具,如果他总是待在电脑前,他也许会失去一个完整的童年。

水瓶座

你会发现你有个多么棒的宝宝,你们会理解彼此的思想和感觉,你也会惊喜地看到你的小宝宝会搜集信息,并且记下来。随着时间的流逝,你能帮助双子座宝宝学到更多的词汇。在他完全会说话之前,你还可以教他使用肢体语言来表达意思。你会为他敏锐的思维而感到惊讶,也会看到他在把自己变得更有魅力和更受欢迎方面浪费了过多的聪明才智,从而感到惋惜。

当你发现你的双子座宝宝在游戏中为其他的孩子设计活动的空间和角色时,你就要问问自己,你是否应该比以往更注意细节?你会羡慕双子座宝宝与人交往的技巧,这些技巧会在以后的岁月中对他有益。

双鱼座

你和你的双子座宝宝的相似之处最初可能并不明显。你喜欢安静,也不像你的宝宝那样喜欢外出,但你们俩都对他人有很浓厚的兴趣。不同之处在于,你依赖于感觉,而他更喜欢思考、判断和挖掘幕后的故事。看着你的宝宝把别人逗乐是件很有趣的事情。

养育双子座宝宝不是一件容易的事情,因为你很难为他找到一种合适的规矩和限制。你只有看穿他迷人的外表和羞怯的笑容,才能培养他对别人真正的尊重。你还要告诉他,应该花时间去了解别人,而不只是看表面。当你们彼此相视的时候,你的目光笼罩着他,他会感到你的爱无处不在。

墨墨

喜欢模仿的"小话唠"和"小书虫"

双子宝宝墨墨 + 双子妈妈刘畅

我的双子座女儿从小就具有喜欢观察和模仿的天赋。她一岁多一点儿时，我带她去早教中心试听，别的孩子满地爬，注意力不集中，而我的宝宝瞪着好奇的眼睛看着老师，安安静静地听老师讲课。一节课下来老师对她的评价是观察型宝宝。她刚会说话时，看到自己的花衣服，便说："我有花，阿姨有花，外婆有花，爷爷没有花。"你看她观察得多细致啊！她特别喜欢模仿大人的一举一动，一岁多一点儿时模仿老人咳嗽，还跑来跑去专拣墙角旮旯弯着腰一声声地咳，把大人们逗得捧腹大笑。她学大人漱口，拿个大杯子，仰起脸"喝"一口，再弯腰低头，"噗"的一声把"水"吐掉，乐此不疲。她偶尔看到电视上歌星唱歌的镜头，便自己拿个小葫芦当麦克风，像模像样地边舞边唱，又转圈又踢腿，还真有点歌星的派头呢。

她很擅长"自己想办法解决问题"。一次去楼下的小广场玩，刮风了，风把她的小车刮跑了，她正在和阿姨玩，一眼看见，急忙站起身走过去，把小车推到一个柱子旁边靠好，再接着玩。

我的宝宝说话不是太早，一岁半以后才说话多起来，但两岁多一点儿就成了"话唠"。一天到晚就听见她叽叽喳喳地说个不停，常常说一些让大人意料不到的话，比如"外婆，我的脸痒，不是蚊子咬的，是妈妈亲的"。她对外婆说："我下巴痒。"外婆用餐巾纸给她擦擦下巴上的口水，她又说："轻轻擦，不要把我弄疼了。"她在吃饭时对外婆说："外婆不要把菜吃完了，要给妈妈留一点。"外婆在厨房做饭，她跑过去喊："外婆，要不要我帮忙呀?"外婆在卫生间洗衣服，她跑到卫生间说："外婆，我找你，我来陪着你。"她上完厕所还会跑过来和我说："妈妈我拉臭臭了，不是稀臭臭是好臭臭。"

她对周围世界充满了好奇，不论在家还是出门游玩总是不停地问这问那。比如第一次在海滩上见到外国人躺着一动不动晒太阳，她好奇地走过去站在穿三点式的阿姨面前瞅了半天，问："她们怎么啦?"见到小动物总要问"小动物的妈妈呢"或者"小动物的宝宝呢"，还会问"为什么要有风啊?""为什么要睡觉呢?""这是怎么回事呢?"……整个儿一个"十万个为什么"。

她手指的精细动作比较好，一岁多就喜欢玩贴纸、折纸、穿珠子、雪花插片、钓鱼等玩具，两岁多用积木搭五六层的房子已经没有问题。她的动手能力强，很早就喜欢自己的事情自己做。每天刷牙要抢着自己刷，当别的同龄孩子吃饭要大人满屋子追着喂的时候，我家宝宝一日三餐早就是自己独立完成，用小勺子吃饭，喝稀饭则捧着大碗一口气喝光。一岁多就会自己穿裤子、袜子和鞋子，自己坐尿盆大小便，而且是自己脱裤子，自己用卫生纸擦擦再提上裤子。她能分清在家穿的鞋和出门穿的鞋，每次出门前和到家后都自己换鞋，而且每次出门回家后都自己跑去卫生间洗手。

她从小喜爱运动且胆子大，不到一岁就喜欢上了荡秋千，一点也不害怕；一岁多就能从垂直的梯子上爬上高高的滑梯架，然后从很高的滑梯上往下滑；两岁多敢走高高的平衡木，还喜欢吊单杠。

我的宝宝从小比较任性，从另一个角度看，是显得有主见。常常是她坚持要做的事情大人很难控制她的行为。

不知是不是出生于双子座的关系，她对看书有着异常浓厚的兴趣，可以说她最喜欢的玩具就是书，早晨一睁眼就嚷着要书，晚上最后一件事也是要爸爸妈妈给她读故事。她最喜欢的事情就是从她的小书架上选书，然后让我给她读。她每天让我读的书不下20本，一本书听了几十遍也不嫌烦，许多书中的故事她都能背下来了，还会跟着书里面的情节表现出高兴、生气或是害怕的情绪。大人忙的时候，她会一个人坐在床上，坐拥一床铺的图书，一本一本地翻看，还一边翻一边给玩具娃娃讲故事："有一天，爸爸妈妈上班去了……"翻一页重复一次，直到把一本书翻完，再拿一本继续讲。她去公园也要带上一两本书，有一次在公园坐在小车上看书看得很专注，还引来了好几位摄影爱好者围着她拍照呢。更让人哭笑不得的是，她的书看一本放到旁边一本，很有秩序，这时谁也不能动她的书，否则她就会大哭起来。晚上临睡觉前，她会把图书全部收回书架上去，说是"书要回家"，一边收拾一边挑选："这是要回家的，这是要留着讲的"，留下几本让爸妈给她读故事。我的女儿才两岁五个月大，俨然已经是一个小小书虫了。

了解了双子座的特性后，我更好地理解了我的女儿，懂得了她行为背后的心理诉求，也为我教育女儿提供了有针对性的方法。巧合的是，我自己也是双子座，我小时候的很多行为也得到了解释，这让我对自己也有了更深的了解。

巨蟹座

天生的哺育者

出生日期：6月21日-7月21日

守 护 星：月亮——阴晴圆缺、变幻莫测的一面

旺　　星：木星

幸 运 色：海绿色

幸 运 石：红宝石、月光石

可爱、安静又敏感的巨蟹座宝宝看上去是那么脆弱易受伤害，但你千万不要被这些表象所愚弄。这个小家伙在夏天伊始来到世界，个性中的那份固执正是盛夏骄阳赋予的力量。巨蟹座是一个主观能动性非常强的本位星座，更是一个水相星座，因此你的巨蟹座宝宝情绪多变，就像是此起彼伏的浪花一样！嗯，这听上去还不赖，可是有时巨蟹座宝宝的情绪更像是暴雨骤雨，甚至像海啸！他们会毫无缘由地大哭大闹，你若想试着阻止这场突如其来的山洪海啸，那感觉简直就是如履薄冰。

巨蟹座宝宝需要更多的抚慰与鼓励。在某种程度上，小巨蟹需要被悉心呵护与溺爱。为了平衡这些"额外的"宠爱，你要教导他如何才能在这个残酷的现实世界中生存下去。在小巨蟹学习生存这门艺术时,你要坚持原则,但同时也要体谅他。尽管巨蟹座宝宝具备哺育者的能力与实力,但在人生的起跑线上,他还只是个孩子,他需要享受当孩子的乐趣。巨蟹座的一生将折返于照顾他人与希望被照料的两极之间。作为父母,你的责任就是告诉你的小巨蟹,人生的确会经历极端,但更多的时候,我们经历的只是两极中的一点。你还要告诉他,可以哭泣,但绝不能无缘无故地哭闹。

★巨蟹座男孩

巨蟹座的小王子比大多数孩子更加安静内敛,但如果你激励得当,他也会变得坚强可以依靠。巨蟹座照顾他人的行为,使得人们普遍认为女性特质是他们的主要特点。现在你也许还看不到它的价值,但实际上,你最应该做的就是教会你的巨蟹小王子如何照顾他人。从一个毛绒玩具或家庭宠物开始,告诉他它需要他的关注与照料。分散他的注意力有助于改善他过度情绪化和自我为中心的特质。如果你总在他的情绪风暴中妥协让步,你的巨蟹座宝宝永远也长不大哦!

巨蟹座的小王子对赛车那样过于激烈的竞技运动并不太感兴趣，这些游戏发出的噪音超出了他的承受范围。他喜欢玩盖房子、修理房屋等其他男生游戏。给你的小王子买一套塑料工具吧，看着他"工作"。随着他一天天长大，他可能会对道路施工、房屋建筑产生兴趣。同时他还将展现出他在音乐、艺术以及烹饪方面的天赋。与其遏制他的温柔，还不如给他机会，让他通过艺术这样安全的方式释放自身情绪，或者通过烹饪或是养宠物学习如何照顾他人。在学校里，巨蟹座的小王子可能不是第一个举手或抢答问题的孩子。正因如此，你更应该让他多负责模型搭建、制作工艺品或是照料宠物，以此来激发他的潜能。

★巨蟹座女孩

由于家庭的影响不同（主要在于你对她的期望有多高，以及她为了引起你的注意而付出了多大努力），你的巨蟹座小公主可以娇柔懦弱，也可以坚强勇敢。但是到头来，这两种性格她或多或少都会有一些。在兄弟姐妹之间的竞争中，她不是表现得极其被动，就是十分激进，总之她要抢占她在兄弟姐妹中的地位。如果巨蟹座小公主是家里的独生女，你就更应该让她多参加一些比赛，从而培养她性格中坚强的一面。这不等于要你忽视她，或是把她推开。如果你能在打电话或在家工作时，告诉她希望不被打扰，她也会从中学习到自己和他人的界限。

这对巨蟹座的小公主而言是非常重要的一堂课。敏感促使她十分注意周围人的情绪，她会把这些情绪与她是否被他人爱和接纳对应起来。这样你的小公主会很容易受到玩伴儿压力的伤害，而这绝不是你所期望的。

你可以鼓励她参加那些能展示她"力量"的活动，比如武术、体操和音乐课，你也可以推动她朝独立思考的方向发展。一定要给她买布娃娃和毛绒玩具，巨蟹座是天生的哺育者，你的小公主会非常享受扮演"妈妈"的快乐。在她扮演"妈妈"时，和她聊一聊她的布偶家，仔细观察，你会在她身上找到你的影子。

巨蟹座的小公主就像是吸水能力超强的海绵，她们从外界吸取的远远超出我们的希望。你的小公主能通过成长岁月中的感受、经历、情绪记起她儿时的大多数细节。请确保，她首先记起的是一种被爱被保护的感觉！

★天赋与兴趣

烹饪和育儿

巨蟹座有着强烈的"筑巢本能",无论到哪里他都会打造一个舒适的安身之所;其实只要你看看他的小床,就不难发现这一点。绝大多数时候,小床上都是全套的毛绒玩具和几件衣服(也许还有条毯子)。请注意,巨蟹座的求生欲让这个孩子对烹饪有着浓厚的兴趣。保护好你的小巨蟹,在条件允许时,可以让他帮忙准备饭菜。烹饪可是一项十分重要的生活技能哦!

语言

巨蟹座宝宝令人头疼之处就是他们嚎啕大哭的本事。你家宝贝之所以哭闹,很可能是因他的感受所致,如果他只是想引起你重视的话,你再怎么和他沟通也无济于事。不要在他的哭闹中妥协,告诉他怎样才是"正确"的表达方式,并要求小巨蟹这样去做。

管理

无论是巨蟹男还是巨蟹女,总会被人贴上"妈妈"的标签。小时候,这一点通常体现在他照顾小动物的过程中。随着他的成长，这些儿时嬉戏中学到的技能将会用于管理。巨蟹座有一些惊人的本能，正因为巨蟹座"就是知道"其他人的需要与渴望，这个星座的宝宝能给一个群体带来平衡，并使这个集体的每一位成员都能感受到被尊重与被爱。

★小小的挑战

巨蟹座宝宝的"敏感"似乎是件好事，但也可能带来麻烦，这主要取决于你怎么看。无论如何，对于作为父母的你而言，这绝对是项挑战。游戏室里发出的哭声，往往都是来自你的巨蟹座宝宝。当然，有时是你的小巨蟹受伤了或是被吓到了；但更多时候只是他的情绪受到了伤害。如果你打算用父母说教的方式告诉他，生活中有很多种现实因素，那你就必须客观地评判每次的具体情况。一旦你的判断稍有偏差，并且偏向其他人，巨蟹座宝宝就会非常受伤。但为了让他学会如何生存，这绝对是他的一堂人生必修课。我们大家不会小心翼翼地对待周围的每一种情绪。巨蟹座宝宝一定要学会为自己套一个厚实的保护壳。如果让小巨蟹伤心的人是你的话，你就会懂了！小巨蟹往自己的保护壳里缩时，你会觉得这比他大发脾气更让你痛心。

★管教巨蟹座宝宝的秘诀

是的,你的小巨蟹既温柔又听话,但在年幼时他也会做一些"错"事,而这通常都是任性惹的祸。尽管小巨蟹十分敏感,但他也有冲动的时候。你绝不想让他去碰灶台上的热锅,但你千万别转过身去!小巨蟹总认为你远没有他懂得多。天哪,现实生活中到底谁才是真正的父母啊?!

面对惩罚,巨蟹座宝宝倒也没有太多反抗的花招,但他却能利用超强的感知力影响你做出最轻的处罚。关禁闭对于管制巨蟹座宝宝来说最有效,但你若是用了这招,就绝对不能半途而废。因为一旦小巨蟹不再尊重你,一切就都完了。巨蟹座宝宝不仅情绪敏感,而且他知道什么事情会使你不高兴!他会无礼地指出你的缺点,以展示他的优胜感。到那时候,连你都会问自己,到底谁才是家长?!说到底,你一定要前后一致、保持权威、有预见性,你的小巨蟹也一定会成长为一个诚实、可靠、自信的人。

★巨蟹座宝宝的最爱

跟你的巨蟹座宝宝一起唱的歌

《安睡到天亮》(All Through the Night)：能让巨蟹座宝宝了解到一切都会好的。

《过河》(Over the River)：是的！这是一次去外婆家的旅行。

《小小蜘蛛》(Itsy Bitsy Spider)：这是一首真正的生存之歌。

跟你的巨蟹座宝宝一起看的电影

《夏洛特的网》(Charlotte's Web)：拯救小猪和蜘蛛后代？标准的巨蟹范儿。

《小鹦鹉》(Paulie)：剧中的相互扶持和感人的大团圆结局都会巩固巨蟹座宝宝的家庭观。

《看狗在说话》(Homeward Bound)：影片中小牛头犬畅斯历尽艰难最终回到了家！而巨蟹座最珍视的正是家！

和你的巨蟹座宝宝一起玩的游戏

跳绳：巨蟹座宝宝喜欢这样的传统游戏，而且跳绳能让你的宝贝动起来哦。

棍球：教他传统游戏，遵守规则，坚持到底！

妈妈我能么?：巨蟹座宝宝最喜欢扮演妈妈了。

和你的巨蟹座宝宝一起读的书、诗歌和童话

《海角乐园》（The Swiss Family Robinson）：充分展现出家庭的力量。

《住在鞋子里的老太太》（There Was an Old Lady Who Lived in a Shoe）：巨蟹座宝宝会更爱孩子哦。

《蛇与蟹》（The Snake and the Crab）：讲的正是巨蟹座的批判倾向，同时鼓励小巨蟹自我检讨。

用这些食物犒劳巨蟹座宝宝吧

全麦面包：绝好的安慰性食物，但也不要过量哦！

水：生命之源。巨蟹座宝宝需要大量喝水。

瓜：甜甜好滋味！也是补充水分的好方法。

★巨蟹座宝宝的着装风格

实用和传统是巨蟹座的穿衣准则。巨蟹座宝宝爱吃且随性，食物污渍是个大问题！因此，你会钟情于易清洗的面料。尽管巨蟹座也喜欢盛装打扮，但仅限于出席特殊场合，绝大多数时候，他们更注重穿衣的舒适度。

女孩：喜欢花边和蕾丝，也喜欢那些不那么漂亮却柔软舒适的休闲装。这要看她是和男孩还是女孩一起玩。她希望能融入其中，看起来和其他人一样。

男孩：巨蟹座的小王子不喜欢赶时髦，而更喜欢穿普普通通的童装。他的理想就是做个人见人爱的邻家男孩！

★巨蟹座宝宝的环境

用一个词来概括巨蟹座的家居风格，那就是整洁。尽管有时小巨蟹的房间也会显得有些杂乱，但那是因为巨蟹座很难放弃。为小巨蟹留出足够的空间摆放他的玩具，让他知道他所有的玩具都能有地方放。

★安抚温柔敏感的巨蟹座宝宝

巨蟹座宝宝们温柔且敏感,当然他们也常常大哭,有时是因为周围环境太过嘈杂混乱、太冷又或是太热。拥抱对他们来说是一剂良药,如果不管用,那可能就是肠胃问题喽。巨蟹座宝宝消化系统的问题实在让人头疼,这是因为和胃部关联的是巨蟹座的守护星——月亮,巨蟹座宝宝的肠胃可是跟着他的情绪走的!

小巨蟹临睡前,你一定要给他拍嗝,让他在躺下前把所有的气都排出来。还有就是,你要在一个安静平和的环境里喂他,其他房间的电视传来的躁动声都可能导致他那脆弱的消化系统运转失调。

★如何激励巨蟹座宝宝

巨蟹座对于照料他人十分有责任感,这个星座的宝宝喜欢有兄弟姐妹,当然如果你没有生二胎的打算,也可以用亲友的宝宝充数。巨蟹座的小王子十分乐于担起帮助他人的责任。如果你家不能养宠物,那就带你的小巨蟹去宠物中心或宠物公园参观学习一下吧。这里列出几种巨蟹座宝宝十分喜爱的玩具：

- **毛绒玩具**：让巨蟹座宝宝随时都有东西揽入怀。
- **洋娃娃或是工具箱**：让巨蟹座宝宝练习居家技能。
- **厨房用具**：小巨蟹总想为你"做饭"。

★巨蟹座宝宝的学习方式

巨蟹座是通过一系列的感觉来认识这个世界的，他会将他学到的东西和他第一次接触到它时的气味、声音和感受联系在一起。小巨蟹很可能比其他孩子更早学会阅读，那是因为他想在遇到问题时有另一种表达方式。安全感对小巨蟹而言绝对是头等大事。所以，你要告诉你的宝宝，知识就是力量，积极的求学态度可以帮助他营造更加安全的生活氛围。

12星座父母 VS. 巨蟹宝贝

作为爸爸妈妈，如果你的星座是……

白羊座

尽管你和你的巨蟹座宝宝有许多地方需要磨合，你们还是有很多共同之处的。首先也是最重要的就是，你们深爱对方。就算你的巨蟹座宝宝变得不合作，你也要谨记这一点哦！你的性格外向开朗，而你的小巨蟹可不像你那样。虽然巨蟹座是天生的哺育者，他仍然还是需要你的宠爱。这对你来说可能很有难度，因为你的表达方式是那么直接、那么有力。或许你可以把你的巨蟹座宝宝想象成一个精巧的瓷娃娃，它不仅身体幼小易受伤，心灵更是柔软脆弱。

你是巨蟹座宝宝的好导师，你知道怎么教会你的巨蟹座宝宝变得"坚强"。与此同时，你的巨蟹座宝宝也将教会你什么是耐心、怎样才能体恤他的感受。与其把你的巨蟹座宝宝推向激烈的竞技赛场，倒不如让他为你展示哺育的惊人力量，他能安抚潜藏在我们体内的野兽。好好看看你的巨蟹座宝宝是怎样对付宠物的，哪怕是只又壮又大的狗，呈现在你面前的会是一场神奇的魔法秀。

金牛座

你会很高兴看到家里多了一个巨蟹座宝宝。宝宝的细微动作和他恬静的性格正是你想要的。你可能无法相信这个宝宝是多么敏感。你眉眼间流露出的些许不满都会招致他泪流成河。巨蟹座宝宝十分积极主动，但你们关注的首要问题往往不一致。你们都喜欢保护他人，可你是用物质方式给人安全感，而巨蟹座所需要的却是精神层面的安全。你的巨蟹座宝宝会让你渐渐了解他的内心世界，有时甚至会让你了解你自己的内心。

当你的巨蟹座宝宝清楚地知道你想要什么时，你会十分开心；但如果他的反应并不像你预期的那样，你便会不知所措。如果你不用蛮力，而只是温柔地把你的巨蟹座宝宝抱开，他的小手儿还是可以不塞到电源插座里去的。巨蟹座绝对不会逆来顺受，如果你想不伤和气地维护你的威信，最好的方法就是温柔如他一般地与他交流。

双子座

尽管你和你的小巨蟹之间的关系显得有些怪异，但你们总算处得来。你们的世界观截然不同，但恰恰因为这样的不同，你们能从一开始就保持良好的交流与沟通。首先你要清楚一件事，尽管你认为已经给了他过多的拥抱与宠爱，但实际上小巨蟹还想要更多。这是个十分"多愁善感"的孩子，你也许认为他该爬到隔壁看看，但他却一直黏着你不放。

你是那么的有先见之明，照看巨蟹座宝宝对你来说实在是小菜一碟。在小巨蟹的世界，基本构造就是感受。他的存在也会促使你推开通往内心世界的大门。分辨清楚巨蟹座宝宝的情绪能帮助你更有效地满足他的需求。举例来说，如果你能更细心感受一下你家宝贝的需求，就可以避免一次让人头疼的大哭大闹。

巨蟹座

你和你的宝贝有着相同的太阳星座，超酷！你们自然能够相互理解，你会很乐意与他一起玩那些你曾经痴迷的游戏。但你也要随时准备好,你的小巨蟹偶尔也会向你投出"曲线球"哦。

你可能会问,你们之间最大的不同是什么呢?可能你已经忘了同为巨蟹座的你,童年是怎样度过的。现如今你已长大,学会了如何照顾他人,但是你的小巨蟹还处在生命的起跑线上,正等着被关心被宠爱!你总想展示你那惊人的哺育能力,你可以解决所有问题,你能让生活免去压力与泪水,你的小巨蟹也因此变得愈发地需要被宠爱。即便如此,你还是应该让他走你曾走过的路,正所谓言传不如身教!从一开始就要让你的巨蟹座宝宝清楚地知道,在你无条件爱他的同时,你的忍耐也是有限度的。这样一来,你能帮助你的小巨蟹为他的人生设限,帮他建起一个坚强的保护外壳。

狮子座

温柔又惹人爱的小巨蟹就像是为你的双臂定做的一样!巨蟹座宝宝需要大量的拥抱,这一需求远高于其他宝宝。你与生俱来的育儿能量能够培育出力量与自信,对小巨蟹而言可谓是无价之宝。你的小巨蟹可能会很爱哭,但对他不理不睬绝不是个好办法。你应该陪在他身边,告诉他一切安好,没什么可担心的。婴儿背带或抱婴带都是不错的选择,它能让宝宝贴近你的身体，方便你随时随地给予安抚——告诉他什么事儿都没有，没什么好哭的。

纵使从小巨蟹的角度来看，你一直都在满足他的需要，养儿育女也是项长期工程，到头来有价值的是，你培养出了一位自信自立的青年。你的小巨蟹长大后会感激你为他所做的一切。

处女座

在你看来，这个小家伙实在是完美无瑕的宝贝！你能从这个小婴儿身上找到你曾期盼的一切。的确，巨蟹座宝宝是那么恬静温顺，那么大方友善。他仰着头对你微笑的样子，仿佛是在告诉你，他是多么需要你的帮助与指引。记住，你的小巨蟹不会像你那样一丝不苟、明达事理。你的巨蟹座宝宝的所作所为受情绪的影响，他会让你知道情感比物质、现实或过程都还要重要。小巨蟹码放衣物玩具的方式或多或少会让你有些抓狂，但是他们常常就是这样没来由地乱码乱放！和你的巨蟹座宝宝一起培养一个更好的习惯，你可不要太挑剔哦！如果你想鼓励小巨蟹做事，那就多些肯定与表扬，少些挑剔与批评吧。小巨蟹总会揣测你的反应，他觉得你会不同意时，就会表现得十分羞怯。你要多鼓励这个温柔的孩子，教导他放低那些不切实际的想法，他一定能够成长为一个让你引以为豪的坚强且有担当的人！

天秤座

你喜欢抱着你的小巨蟹。他是那么安静那么可爱,身上散发着爱与忠诚,当然你可能还会觉得他的需求实在很多。不要只顾着展现你最好的一面,你要多注意他对安抚的渴望。你若想让你的小巨蟹远离紧张感,从一开始你就要多抱他多亲他。可能你会想用语言或是肢体语言表达你对他的爱意,但小巨蟹需要的是爱的"感受"。

随着巨蟹座宝宝的成长,你俩常常会四目相对,因为你们都喜欢生命中充满多样性,并享受新工作开始的兴奋。带你的小巨蟹去博物馆逛逛,或者至少给他看一些艺术品的照片。

巨蟹座宝宝需要的是有新意的情绪宣泄方式!你要为他安排一些这样的活动,并参与其中。给小巨蟹全部的爱,甚至更多,给他所需要的力量与关心。

天蝎座

你和你的巨蟹座宝宝的关系将十分亲密,你能够完全理解他那富于情感的天性。你们都有"就是知道"他人需求的能力,但你可能并不喜欢巨蟹座那种直接要求你持续关注的方式。你不是那种会放任孩子不良行为的家长,因此你希望你的孩子可以轻易地安抚自己。不要任由小巨蟹在婴儿床里哭闹(这时他所感受到的是一种被遗弃的感觉),想点新鲜的办法。等你的宝贝懂事以后，你可以让他照顾一个毛绒玩具或是帮你拿一些东西。这些都可以激活巨蟹座的哺育本能，告诉他除了自己的需要以外，还有很多更有意思的事情。

在他做一些危险或带有破坏性的事情时，你必须要制定规矩，而且一定要直截了当地告诉他。同时，你也要让他知道这次你可以原谅他。如果你对他不理不睬，他的情感会深深地受到伤害，你们都是那么的敏感！

射手座

你可能还不知道该怎么应付你的小巨蟹，但迟早有一天你会有办法。这个宝宝十分敏感，也十分情绪化，而你却不同！但这也是件好事，在抚养巨蟹座宝宝的过程中你们能相互学习。巨蟹座需要懂得其他人不会小心翼翼地顾忌他的感受。而你也要学着三思而后行，尤其是那些批评的话语。即便是在婴幼儿时期，巨蟹座都会记住别人对他们的评论并深深地埋在心底。

当你的巨蟹座宝宝玩得起劲儿时，你也别误以为你们总能玩到一块儿去。抛开你的固执，让你的小巨蟹带你去参加一次茶聚，或是在摆满毛绒玩具的教室里上一堂游戏课。巨蟹座也可以爱上运动，但学习的过程必须是循序渐进的。这个宝宝，无论是身体上还是精神上，都极其脆弱易受伤害，你的责任就是帮助你的小巨蟹长出坚硬的外壳。

摩羯座

你和你的巨蟹座宝宝之间有种说不出的默契与了解，你们会相处得格外融洽。他温柔地解读着这世上的一切，并试图融入其中，这让你想要更多地宠他爱他。你会发现，你的巨蟹座宝宝是多么的敏感。外界一点点的噪音都可能引起一场"大恐慌"，在不计其数的不眠夜里，你一次又一次地告诉你的巨蟹座宝宝"只不过是梦一场"。

你的小巨蟹十分羡慕你的力量与自信，有了你这样的好榜样，他的个性成长会容易很多。为你的小巨蟹做次示范，让他看看你是如何成功地组织一场活动的。没有谁会比你的小巨蟹更懂你了，你想要的就是给家人提供一个安稳的栖息之所。管教小巨蟹时你要温柔些，但也不要姑息他的错误。小巨蟹总想侥幸逃脱犯错的惩罚，并想方设法引起你的注意。总之，你要多拥抱他，多观察他，多聆听他。

水瓶座

你和你的小巨蟹有着迥然各异的世界观。因此，你若想让你的小巨蟹摆脱感情用事的魔咒，你就必须付出更多。事实上，生活中有太多比个人感受更重要的事情，而你恰恰很少考虑自己的情感生活。巨蟹座宝宝生来就不喜欢按逻辑行事，凡事全凭他的感性印象为之。也许有时你甚至希望自己可以像他一样，拥有超强的感知力。

你必须倾尽全力给你的巨蟹座宝宝充足的安全感。当你累得抱不动他时，你就去摇椅上坐一坐，陪他多待一会儿。当你觉得小巨蟹害怕柜子里的妖怪时，无论花多长时间你都要告诉他、说服他，那里并没有什么妖怪。你的小巨蟹也会因此而变得更加相信你，更加崇拜你。

双鱼座

你喜欢连续几个小时抱着你的小巨蟹不放，就算在他熟睡时，你也要让他的小襁褓紧挨着你。但随着你的小巨蟹一天天长大，你必须要从你的梦境中醒来，千万不要辜负小家伙对你的期望，巨蟹座宝宝需要的是可以依赖的父母。你不能因为你的宝贝玩得高兴，就忘记应该几点钟睡觉；不能因为你的宝贝喜欢，就让他"只吃土豆"。尽管你会感觉到小巨蟹想要你妥协，但实际上他希望你能给他一个安稳的成长环境。

管教小巨蟹最好的方法就是让他知道"恶行"会伤害到他人。在小巨蟹学会说话以前，你一定要让他远离各种危险，要阻止他打你或者打其他人。你要温柔地告诉他无论他想变得多么强大，你比他更强。而最后，一定要让他知道有人在保护他。这能帮你的小巨蟹建立坚强的性格、高尚的品质。

花生

时而温顺乖巧、时而敏感任性的"情绪化宝宝"

巨蟹宝宝花生 + 处女妈妈漪虹

情绪化是典型的巨蟹座特质，我的小花生也不例外，他时而温顺乖巧，时而敏感任性。刚才还是笑容满盈，不知怎的就会泪流成河，要是没人理睬他，那再来的就是一场山洪海啸了。最初无论我坚定决绝，还是妥协让步，都没什么明显效果。渐渐地，我才意识到必须从心理层面解决问题。小花生有的是一颗玲珑剔透的月亮心，他无时无刻不在感受着这个世界，他害怕不被认同不被接纳，他害怕孤单害怕被遗弃。

现在，每当花生乱发脾气大哭大闹时，我都会把他揽进怀里，告诉他"没什么大不了，妈妈会保护你"（父母的拥抱与肯定能够帮助他在情绪风暴中平静下来），再按照他的逻辑给他讲道理（让他切实感受到问题的严重性，千万别讲天书，也别编谎话，宝宝的记忆力比大人强很多），然后正面地鼓励他做一些事（批评与指责只会起反作用，你越不让他干什么，他就偏要干什么）。其实只要找到方法，巨蟹座宝宝也可以很听话！

♌ 狮子座

充满戏剧性的星座

出生日期：7月22日–8月21日

守 护 星：太阳

旺　　星：不需要！太阳具备足够强大的动力给狮子座提供能量

幸 运 色：橘黄色、金色

幸 运 石：黄水晶、红玛瑙

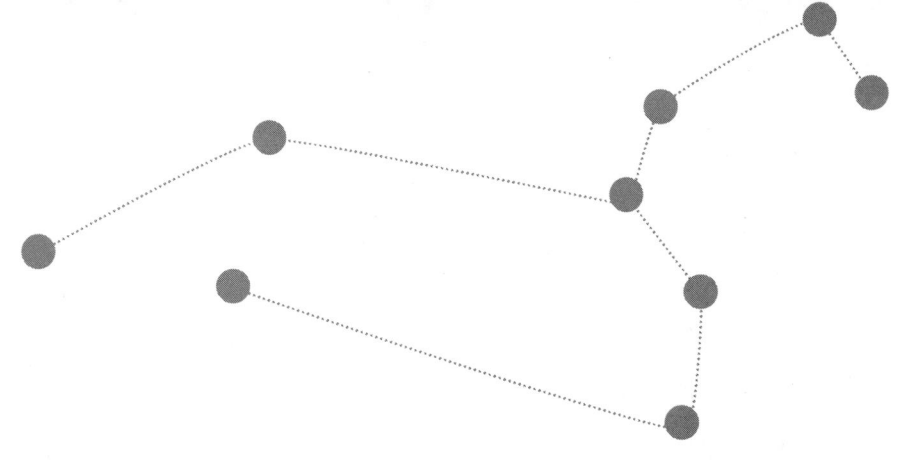

当盛夏到来,一切葱茏、温暖而美妙,狮子座诞生了。狮子座是火相星座。因为出生日期处于季节的中期,狮子座还是固定星座,也就是说,对待事物有非常自我的一面。你很快会发现,你的小狮子在向你显示他想要的事物时,会表现得非常夸张。事实上,这个小宝宝对一切事物都表现得很夸张!从你第一次抱住你的狮子座宝贝时,你就会知道,你怀抱中的小婴儿非常特别。这个星座的象征是丛林之王狮子,这就是为什么你的孩子散发出某种帝王之气的原因。不要太担心在你的养育生涯中将不得不面对一个爱惹麻烦、自以为是的家伙,其实,只有当你没能给予他所需要的领导力,去控制他某些以自我为中心的天性时,这样的情况才会发生。

面对想要的东西,狮子座的孩子不只是请求得到,而是会强烈要求。幸运的是，他们非常可爱，讨人喜欢，而且通常容貌出众。你会看见狮子座宝宝拥有美丽的浓密头发，不管是生来就具有的还是后天慢慢长成的。

狮子座需要很多体力活动，不过，如果不仅仅是遵照你的旨意行动，他会玩得更开心。就像你可能想说的那样，这个孩子不管做什么都想自作主张，这就是为什么你一定要及早制定行为准则并掌控局面的原因，这非常重要。如果狮子座感到你不够强大以保护整个家庭，他会不断尝试去接管这一切。你应该不带偏见地行使父母的特权，这样做也会让你的小狮子显现出最大的天赋：温暖人心的领导力。

★狮子座男孩

你的狮子座男孩渴望被关注，他有点儿难伺候，同时精力充沛。除了裹着尿布一丝不挂地站在婴儿床里拍打自己的胸膛，狮子座宝宝一天会暗示你好几次，你应该告诉他他是多么的可爱、强壮又聪明。当他和其他孩子在一起玩耍时，你一定要看好你的男孩，因为他很快就会自我任命为头儿！大部分孩子会让他这么做，因为他确实有这个本事，可以让其他孩子知道他是那个可以将大家聚到一起的人。不要试图制止他在伙伴中取得应有的地位，但是请密切注意他的行动，以确保他可以让其他人都能轮着来。

你需要关注的另一个社会行为是，确保狮子座男孩不要整天忙着为别人的事儿包办代替。狮子座的确感到对他的朋友负有责任，从他的内心深处来说，他只是想让每个人都表现得最好。但是，如果他管得太多、太频繁，他就会被迫成为跟在每个人后头收拾烂摊子的那个人。

教会你的狮子座男孩，在大部分时间里他可以成为领袖，但是好的领袖尊重每个人的才能，让每个人都有所贡献。同样，在你领导婴幼儿时期的狮子座男孩时，你必须带着信念行动，并保持行为的一贯性，因为你的狮子座宝宝必须学会运用才能、表现才华和炫耀卖弄之间的区别。狮子座男孩特别容易成为"班级小丑"一类的角色，因为这很容易获得其他人的注意。与其让这样的事发生，不如给狮子座男孩的戏剧与喜剧才能一个施展的空间。在家中设立个木偶剧院，他会很享受扮演角色，甚至可以发展到加入儿童剧团。看演出和参与演出都有价值，请务必让他体验到表演的美妙滋味，这会让他明白，除了整日瞎闹，还有其他法子可以让每个人都关注到他。

★狮子座女孩

你的狮子座女孩可能看起来一点儿也不柔弱,那是因为,她确实不是这一类型的!她的女人味如同一位强悍的女族长所散发的气质。可能有一天,你的整个家族在谈到她时会说,"必须对她言听计从"。不过,当她在你的呵护下成长时,她将对你明智周详的计划给予尊重。

你必须时刻留心你的狮子座女孩。当有一天父母感觉到已是合适的年纪让小女孩独立自主时,你可能会发现,你的狮子座小女孩天生就想当然地以为她可以为所欲为!总之,你必须劝说狮子座女孩不要让她的朋友们狼狈不堪。她自作主张的可爱方式很容易变成专横跋扈。

你可以为你的狮子座女孩做的最好的事情是,将她放到需要和男孩女孩同时打交道的场合里。首先,她需要同时向男孩与女孩学习合作与支配。其次,她喜欢和男孩在一起,因为他们整体上而言强势而直接,就像她一样。对小小的狮子座女孩来说,另一件"必不可少的事"就是获得足够的机会站上舞台。狮子座喜欢成为焦点,不论是作为一位舞者、一位音乐家、一位演员或是一位播音员。这对于她是一项重要的技能,因为她的主要动力就是成为领袖。当她长大以后,你将注意到,她很容易被推选上"权力"的宝座,这对于她就如同第二天性。当她不能成为掌控局面的人时,艰难的时刻来临了,你介入的时机也就此到来,告诉她风水轮流转,追随领导者,如同她希望别人追随她那样。

★天赋和兴趣

戏剧艺术

狮子座的孩子擅长出演戏剧角色。这不仅能培养表达技巧、优雅仪态,还能培养在公众面前演讲所需要的勇气,而且能释放他想在现实生活中创造戏剧效果的能量。狮子座喜欢丰富多彩的生活,如果没什么激动人心的事发生,狮子座不惜制造麻烦。

语言

狮子座会抓住一切机会学习如何说话。虽然算不上言辞敏捷,但狮子座将语言视作引人关注的一种方式。你的狮子座宝宝开口说的第一个词可能并不是"妈妈"或"爸爸",而是"我",因为他渴望创建属于自己的传奇。

公共演说

狮子座是人群的焦点,如果这个合群的孩子有足够的机会站在观众面前,那就再好不过了。在小学阶段乃至成年之后,你的孩子将成为一个了不起的解说员、主持人或是司仪。你可以让你的小狮子座宝宝经常做做小小演说,以培养他的演说才能,比如让他讲讲为什么他如此爱照镜子。

★小小的挑战

狮子座是如此的富有魅力,但并非每个人都将你家孩子开朗的性格和强硬的态度看作是好事儿。有时候,你也会怀疑自己对狮子座的赞美是否过于频繁。狮子座是个自恋狂,这会导致他拥有高于平均水平的自我意识。就某种程度而言,你不可能挫伤他的自信,你也不想这么做!然而,你需要确保你的孩子懂得考虑别人的需求,并且教会狮子座:尽管爱自己很重要,但照顾需要帮助的人更为重要。

如果你从小就逐步灌输这些处世态度,你将能够防范许多狮子座的典型问题:

盛气凌人、乱发脾气、自命不凡。对这几个问题，别指望小狮子都能避开，很重要的一点是，你要教会他待在自己的边界内。

★管教狮子座宝宝的秘诀

　　如果你希望为这个孩子立规矩，至少要和他一样坚决和执着。当他还是个小宝宝的时候，狮子座可以干的"错事"还算有限。当你发现你的孩子想要触碰危险品或违禁品时，请迅速坚决地制止。狮子座并不特别冲动任性，不过却经常对你说的不以为然。比如，你的狮子座宝宝可能并不相信炉子是"烫的"，直到他触摸到它。幸运的是，狮子座通常在将手或毛绒玩具放进炉子之前就停止行动了。不过，注意狮子座在忙点什么总是有好处的，因为你的孩子的过于自信经常会惹来麻烦。

　　如果狮子座故意做了什么破坏你定的规矩，加倍地惩罚他，好让狮子座宝宝明白他并不是宇宙的中心。考虑让你的小狮子干些家务活，即便是一个学步幼儿也可以"扫"地或是整理玩具。给狮子座一些有意义的工作，让他懂得致力改善世界的价值所在——即使这个世界不过是你的家庭！

★狮子座宝宝的最爱

跟你的狮子座宝宝一起唱的歌

《一闪一闪亮晶晶》(Twinkle Twinkle Little Star)：狮子座会鞠躬致谢！

《金色梦乡》(Golden Slumbers)：想象金色梦乡是怎样放松狮子座的神经。

《驯狮员之歌》(The Lion Tamer Song)：让狮子座知道什么是钻铁圈！

跟你的狮子座宝宝一起看的电影

《狮子王》(The Lion King)：成为国王或王后究竟意味着什么。

《帽子里的猫》(The Cat in the Hat)：一只充满狮子座敢想敢干精神的猫咪。

《驯龙高手》(How to Train Your Dragon)：如何通过爱与领导力驯服猛兽，狮子座一定喜欢这样的故事。

和你的狮子座宝宝一起玩的游戏

山丘之王：理所当然的选择！

皇后，皇后，谁拿到了球？：教导小狮子，领导者必须拥有谦逊的特质。

哑谜：狮子座喜欢扮演"大树"，即便是个学步幼儿。

和你的狮子座宝宝一起读的书、诗歌和童话

《亚瑟王和他的骑士》(King Arthur and His knights):狮子座会被这个皇家冒险故事深深吸引。

《老国王科尔》(Old King Cole):成为国王是件好事儿——令人生畏也一样。

《狼来了》(The Boy Who Cried Wolf):当你想要太多的关注时,会发生什么。

用这些食物犒劳狮子座宝宝吧

胡萝卜:可以为狮子座补充必需的维他命。

菠萝汁:甜美而特别——就像你的狮子座宝宝。

橘子:柑橘的口味和质地对你的狮子座小孩来说非常诱人。

★狮子座宝宝的着装风格

有金属薄片造型的尿布吗？如果有的话，你的狮子座宝宝可以神气地裹上一片。狮子座的风格是总要制造点儿特别效果，不过这样做的时候注意不要搞得俗里俗气。最爱的颜色是酒红色和橘黄色，对于狮子座女孩而言亮粉色是最爱。

女孩：在还没有光脚迈出第一步的时候，她就会套上妈妈的细高跟鞋，她还会抹上你最艳的口红！别让她太早熟了。

男孩：从上幼儿园开始，他就希望每天都是盛装日。让他连续两天穿上超级英雄的T恤，会使他感觉自己在人群里脱颖而出。否则，他会更露骨地展现自己的王者气质，甚至穿上君王的黄袍！

★狮子座宝宝的环境

狮子座觉得，完全的静寂是非自然的。当你布置婴儿房的时候，放点儿音乐作为背景声会是个好主意。就装饰而言,狮子座喜欢被五颜六色的大型物件所环绕。阳光也会使狮子座感觉舒适,所以不要整日将婴儿房的窗帘拉上。

★安抚易激动的狮子座宝宝

当他吵着要什么的时候,狮子座会变得非常激动,并令人吃惊地坚持己见。狮子座会有胸部痉挛的倾向,这可能影响呼吸和消化。鼓励狮子座尽可能地张开手臂以使他放松。

为了哄他睡觉,只要准备一套固定的(即使是枯燥的)程序,标志着关灯睡觉的时间到了。当他对可爱的玩具或最爱的毯子表示出兴趣时,立即给他点什么东西好让他抓住。你可以通过这样做发出信号:离开王室的时候到了。

★如何激励狮子座宝宝

小狮子喜欢色彩鲜艳、玩起来刺激的玩具。试一下这些玩具:

- 一套毛绒球：色彩鲜艳、系有铃铛。
- 填充玩具和木偶：鼓励进行角色扮演。
- 宝宝鼓：让狮子座宝宝释放自己内在的野性。

★狮子座宝宝的学习方式

狮子座最大的问题是学习如何倾听。虽然狮子座可以在学校里表现出色，但只有当他遇到强大到足以管住他、并具有学识与正直品格的教师，狮子座才会表示尊重。到了该为孩子选择合适的学校之时，你必须非常谨慎。狮子座不是那种可以随意和其他人打成一片的类型。你的狮子座宝宝不是"其他人"，在他年轻时代的大部分岁月里，他都会想方设法成为杰出的学生与市民。

12 星座父母 VS. 狮子宝贝

作为爸爸妈妈,如果你的星座是……

白羊座

怀抱着你的小狮子对你而言一定会是个巨大的惊喜,即便你没有注意到,你的小狮子仍会以这样那样的方式持续地提醒你他是个多么特别的小宝贝。你会对你家孩子的勇敢与无忌感到惊奇,当这一切都显得那么美妙时,一不小心,狮子座宝宝可能就会主宰你的家庭!

谈到注意力,你通常会在注意力向你集中、

人们将焦点置于你身上时感觉更快乐。然而你对狮子座的恻隐之心会让你将大部分时间都集中在狮子座的一举一动、情绪及突发奇想上。当然满足宝宝的基本需求是应该的,但你必须坚强,否则,在确保狮子座宝宝的快乐外,你会感到无所事事。可能你们互相之间可以学到的最好教训就是人不可能在所有时间都获得100%的关注。有趣的是,你将教会狮子座在你人生某一刻学到的教训,并且你将成为一名了不起的老师!

金牛座

你和狮子座会拥有一个很酷的亲子关系。虽然你的孩子比你要引人注目、感情外露得多,但他的意志坚定与锲而不舍和你一模一样。养育这个孩子会让你明白和一个固定不变的人(就像你有时候一样)相处是多么困难。这可能会激励你变得更灵活,或至少教育你的狮子座宝宝怎样可以变得更容易相处。

你会欣赏狮子座的领导才能,并会愉悦自豪地培养这些才能。许多时候你可能会成为狮子座的传声筒,重要的是搞明白何时狮子座真的需要你完全的注意力,何时你需要个人的空间,并将注意力转移到其他人和事上。你对这个孩子的赞赏可能会让你倾向于有点过度满足狮子座的要求。当狮子座的要求超出你允许的范围时,给你的孩子树立行为准则，让他知道什么时候可以打岔，并坚持这些准则。你能给这个孩子的最好礼物就是不可动摇的道德界限，以帮助他选择去做正确的事，不管受到怎样的压力。

双子座

事实是你可能压根就不知道怎么对付你的小狮子！当你想让你的孩子作为独立的个体探索世界时，狮子座有一列长长的需求清单让你考虑。当你认为你的小狮子对你们在一起的时间已感到满足时，他会坚持要你再讲一个故事、再散一次步，或是再玩个游戏。

你可能不喜欢有人整天看着你，但狮子座有不同的想法。好消息是你可以把狮子座当成一本书来读，但坏消息也正在于此！你要知道何时你的狮子座宝宝是在真的哭泣，何时他只是利用哭泣引起你的注意。然而，这个孩子对你的依赖会显示，变得更体贴周到、放弃你那随心所欲的生活方式的一小部分有多么重要。当狮子座宝宝在一旁小睡时，或许你仍能通过电子设备与你的部分朋友保持联系。狮子座会很欣赏你讲故事的本领，并会在你的细心指导下发展交谈的艺术。

巨蟹座

你会从你的小狮子身上获取许多欢乐时光，会希望能细心地照料与保护你的孩子。有时你会发现自己从小家伙身上得到了重要的教训，但整体上而言你是关系的主导者——因为你才是父母！

不要让狮子座索求无度。你的直觉会让你知道何时你的宝宝正想要耍你，让你以为发生了什么有关宝宝的紧急情况。当狮子座开始玩把戏的时候，不要上他的当。你的冷淡会传递给狮子座，防止他成为难侍候的小霸王。教狮子座成为坚强、勇敢、诚实的人。这些品质会让你的孩子一生受益。

狮子座

你的小狮子不明白宇宙为你们这样两个人做了什么安排！和你一样，你的孩子相信他应该处于注意力的中心，不过因为你已经明白事情不可能总是这样，你可能会在一开始就让他明白这一现实。你拥有做父母的出色天赋，不过因为你的星座与太阳紧密相联，所以你不是那种娇惯孩子的类型。你会很乐意教导你的狮子座孩子变得坚强勇敢，同时你也会给予适度压制的赞扬，以使你的狮子座宝宝努力达成期望。

如果与这个迷你版的自我相处让你感到沮丧，这可能是源于这个孩子争夺了配偶与其他亲属对你的注意力。你可能不断地提醒小狮子，与一个不断要求获得注意力的人相处有多累——可能你也会在此问题上得到一两件教训。当你的孩子慢慢长大，你可能会成为一个更完善的人。这可能就是为人父母最酷的一点吧！

处女座

一开始，你的小家伙为你的生活带来的戏剧性显得十分有趣，即便存在小小的破坏性。即使不过是尿布湿了要换，你的狮子座宝宝也会用尽哭喊和各种姿态来表现他被弄湿或弄脏了！你会从你的宝宝身上得到极大的乐趣，不过你也会想知道老天把这个生龙活虎的家伙带进你原本规律的生活是不是一个小小的玩笑。

有一个理由将你们组合到一起。首先，你必须教会狮子座将他旺盛的精力聚焦到有益的事物上。其次你也可以向狮子座学学怎么做一个更随和的人。狮子座的戏剧天赋，和他们滑稽可笑的举动，有充分的理由让你抓狂。不过当你解放自我，欢迎进入你生活的小小不速之客，你会拥有前所未有的温暖与欢笑，这在你用全部身心接受这个活力充沛的小孩子之前是不会发生的。

天秤座

养育你的狮子座宝宝会激发你性格中最有勇气的一部分，以包容你宝宝的旺盛精力。你的狮子座宝宝可能并不会比你更以自我为中心，不过这个小家伙将会明显比你更爱出风头和好表现！你所拥有的完美的才能、平衡感和公正正是狮子座所需要学习的，以便收敛他那专横傲慢的小个性。

没必要严厉对待你的孩子，迫使他接受你的观点。因为你的狮子座宝宝会通过努力来获得掌声与肯定，如果你没能慷慨地给予他这些，狮子座会有强烈的感觉。狮子座会希望知道他是否获得了你的认可，超出你对自己是否获得他认可的程度——如果情况并非如此，这个专横无惧的小狮子会害怕地逃走。尽可能直接地对待狮子座，不要让你的孩子猜你的心思。让你的狮子座孩子感到安心，这也是你自己所需要的。

天蝎座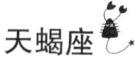

养育这个有趣的小家伙会给你带来极大的乐趣。你的智慧，可以看穿宝宝勇敢和霸道的行为背后有些什么，在任何情况下你都不会被他所操纵。你能给你的狮子座宝宝最好的礼物是教会他什么是边界、人生教训来自何方，以及教会他下决心将自己的精力引导到有用与有益的活动中去。

在你养育狮子座宝宝的过程中如果说有什么难题要克服，那就是调和你们之间不同的情商水平。你自然拥有最高水准的情商。如果你的孩子出了什么问题，在他开始紧张不安之前你就会知道。狮子座一点都不像你那么敏感，你越快接受这一点就越好；一旦你做到这一点，你就能包容和欣赏这个活力充沛的孩子，而避免受到伤害。

射手座

你会将你的小狮子用手臂上下晃动,并把这个新来的小家伙当作你最好的伙伴!你与狮子座共同分享火相的激情,你们两个都活跃而外向。从一开始你家就会充满欢声笑语。狮子座会不断吸取你的幽默感,学习你的咯咯傻笑,即便还只是个婴儿。

这就是说,你要小心你与狮子座孩子之间的关系变得过于像哥们儿。狮子座倾向于掌控局面,即便你应是权威人物之时。这是你的小宝贝无法控制的事儿,因为他有强大的领导能力,而且他理所当然地想运用这些能力!不管你多希望能像你的孩子一样表现的天真无邪、无忧无虑,但这并非你的职责所在。狮子座和你一样,具有强烈的原始本能,会试着主导所有的关系。你必须让你的孩子明白,你比看上去更智慧更坚强。定下规矩,用爱管住你的宝贝,但一定要坚定!这样你就可以为你的狮子座宝宝奉献一切最好的事物。

摩羯座

你和你的狮子座孩子起初总不大合得来,但如果你有足够的耐心,你们最终会成为最佳亲子关系的受益人。你必须克服的问题是狮子座看起来搞不太清谁才是这个家的头儿。你的宝宝远非听话顺从的类型,而是会试着控制你和家庭，起先是通过要求喂食与换衣来尝试安排作息，接着会有更加破坏性的举动。

如果想要树立权威，你必须非常坚决地对待这个宝宝，远比你所期望的更为严肃与强硬。你要知道如何将狮子座"自我优先"的精神引导至发展领导力与同情心的活动中。狮子座更多地倾向于个人行动，而你拥有宏观视野，你们彼此之间有许多可以向对方学习，这可能会有许多的乐趣！随着星座之光的闪烁，你们两个都想激发对方身上最好的一面。

水瓶座

在你们的亲子关系中，你和你的小狮子会有许多的起伏，不过在你宝宝的婴儿期，你会希望你们之间的关系尽可能安静、平和，充满爱意。在早期你会很乐意照顾你的孩子，满足他的需求，不过你会让狮子座知道，除了在他的小天地里发生的事儿，这世上还存在许多别的东西。你会带着你的孩子出去办事以使他适应社会，会鼓励小狮子和遇到的每个人分享他内心散发的阳光。

不过，当你的小狮子慢慢长大，他可能不会按照你喜欢的方式回应你。狮子座是一个强烈的个人主义者，不喜欢被告知他"必须"做什么。你将不得不作出大量妥协！当你在思考什么最有益于整个世界时，你的狮子座宝宝正专注于他自身的发展和成功。值得欣慰的是这将意味着有一天你的孩子会花时间将其他人身上最好的一面激发出来。在此期间，你要确保你的小狮子不会变成一个自私自大的恶霸——你就是你的狮子座孩子可以求教的最好的老师。

双鱼座

轮到你的日程了，你非常的自由散漫，极其富有创造力与想象力。虽然狮子座很欣赏你的这些特质，但他会寻求更多的可预测性与例行程序，超出你乐意接受的程度。除了这一点，你和你的狮子座小孩会在彼此发现的过程中拥有大量乐趣。然而，因为你们是如此不同，起初你很难知道该怎么对付这个勇敢活跃的孩子。和所有的孩子一样，小狮子需要爱和安全的所在以供成长。对于狮子来说，一个安全的地方可能就像狮子的洞穴——封闭的、受保护的，可以遮风挡雨。这意味着你必须对某些东西作出调整以让狮子座感觉到这些。

当他看出你不如他那么意志坚定时，狮子座也会试着任意欺负你。你必须快速学习一下领导艺术，并立即应用它！可能对你以及你的宝宝有用的东西是武术，你们甚至可以一起学习！你可以学会如何自强，你的狮子座孩子将会有一个安全的所在以变得自信与坚强，并学会界限是什么。在对付你的小狮子时，不要害怕向他人求助，你可能需要它！

狮子宝宝乐乐 + 天蝎妈妈李蔚

和一头小狮子斗智斗勇实在是一件劳神费心的差事。

出生的那一刻,我家小狮子就用那高昂嘹亮的嗓音宣示着自己的与众不同。很快,他那震耳欲聋的哭喊就成了独特的身份标识。热了、饿了、尿布湿了、喂奶的姿势让他不舒服了……任何一个让他不快的小细节都会引发一阵狂风暴雨,仿佛金毛狮王附体,闻者惊心,家人故称其为"狮子吼"。

小狮子"不达目的誓不罢休"的坚定意志和与生俱来的"领导才能"让人印象深刻。出生没多久,他就学会如何指挥大人,以拿到心爱的玩具,或是到达他想玩耍的地方,武器自然是他尖利的嗓门。好多次,当他开始用叫声表达自己的不满和抗议时,家中的声控小鸟便开始回应——在他出生以前,通常只有厨房剁肉的声音才可以唤醒小鸟。这让我常常想起《铁皮鼓》里那个唱碎玻璃的奥斯卡。

霸气十足的小狮子也有活泼伶俐的一面。小狮子爱臭美、好表现，几个月大就会扯着自己的衣服四处展示，定要你夸一声"漂亮"。前阵子还在大人的启发下学会了"舞蹈"，最喜欢的伴奏音乐是范晓萱的《健康歌》，每当"左三圈、右三圈"的歌声响起时，小熊般的身子上下扭动，小手还会划着圈儿加以配合，你若冷淡以待，他必冲你"啊啊"大叫，直至得到你的热烈回应。

只要醒着，这头活跃的小狮子就没有消停的时候，总在变着法儿找乐子，或是做出滑稽可笑的样儿给你逗乐子。

狮子座的宝贝就是这样地让人爱恨交加。我原本以为遇上了世上最难缠的宝宝，不过，茱蒂·韦特勒的文字告诉我，上天赐予我的是一个典型的狮子座。他有着最强硬的外表，却需要母亲最温柔的呵护，以展现"狮子王"身上美好温暖的那一面。

♍ 处女座

勤劳的小工蜂

出生日期：8月22日-9月20日

守 护 星：水星——夜晚、含蓄、眼光敏锐的一面

旺　　星：水星

幸 运 色：叶绿色、棕色

幸 运 石：蓝宝石、孔雀石

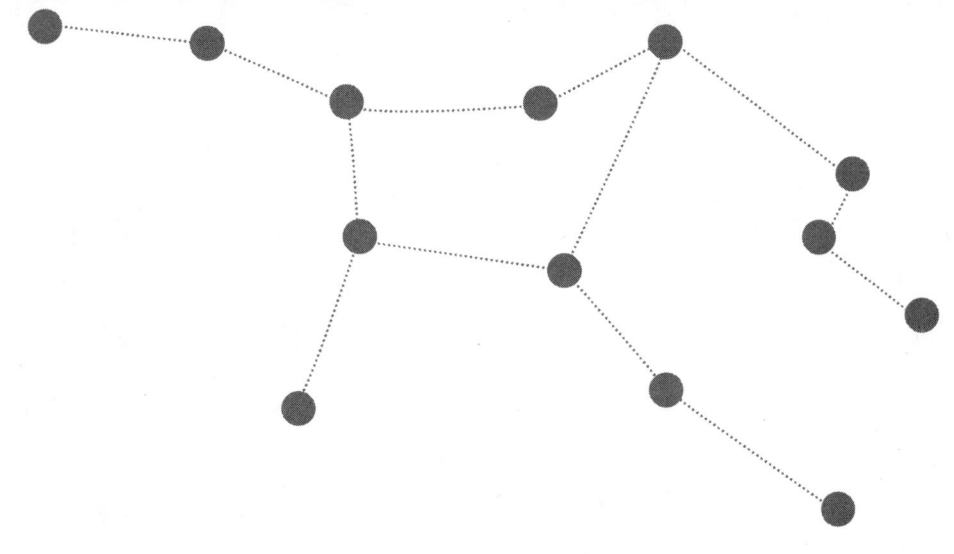

你怀里的这个小宝宝，甜美聪慧，而且眼光非常敏锐。随着处女座宝宝一天天长大，你会注意到这个聪明的小家伙如何检视一切，然后决定哪些应该留下，哪些应该舍弃一旁。处女座属于土相星座，同时也是反复无常的，这意味着你的处女座宝宝能够适应环境的变化。为了拥有良好的自我感觉，处女座必须做一些服务类的事情。你会发现，他们从很小的时候起，就会让自己的每一个行动都有目的。关于这一点，有很多积极面，同时，还有一些消极影响，你需要帮助处女座宝宝更好地提升自我。

处女座宝宝非常擅长做那种小任务，甚至不必寻求父母的认可便完事大吉。

有些活动，会让你的处女座宝宝乐此不疲，比如，把形状进行分类，或者把所有的圈圈按照正确的顺序摆起来。"整齐"，对于你的处女座宝宝而言非常重要。在处女座眼中，事情永远不够好，除非它们尽可能地接近完美。虽然想到孩子能够把房间保持得很整洁，不会把房子里的衣服弄得脏兮兮，这让人深感欣慰，但是你必须设法为处女座宝宝设定限度和范围。在不断追求完美的过程中，你的处女座宝宝也许会反感自己的不完美，当这种情绪到了一定程度时，就会演变成自暴自弃。如果你注意到恐慌症、强迫症以及其他的行为迹象开始出现，要速战速决。你需要不断地告诉处女座宝宝，每个人都会犯错，这样才能使他们安心。

处女座通过不断的分析、分类，依靠理性来理解世界。一个健康的处女座宝宝有时候会挑三拣四，但是大多数情况下，他也能严于律己，将自己的爱、情感以及忠诚给予父母和家人。

★处女座男孩

许多父母抱怨他们的小男孩吵吵嚷嚷、马马虎虎，走到哪里就把哪里搞得乱糟糟，但是处女座男孩绝不是这样的。事实上，处女座男孩在成长过程中，特别像一个"小男人"。他按照一定顺序玩儿玩具，然后把玩具放到一旁，再去进行下一项活动，显得从容不迫。在穿衣打扮的事情上，什么时候穿、穿什么才合适，他会遵照你的意见。

但是，你必须多加小心，避免做那些让他感觉混乱无序的事情。对于处女座而言，任何事物都有自己的位置。如果你把东西随意摆放，或者没有把小孩子的玩具放在他能找得到的地方，他就不会再保持顺从，他会倾向于纠正你，然后不再把你视作权威。合情合理的情况下，这个举动很可爱，但是如果任其发展，你的处女座宝宝会变得非常唯我独尊。还有一种情况，如果他感觉你不知道自己做了什么，就会认为你根本无法信赖，这会使他们心烦意乱！然后，曾经服从命令的小士兵将任命自己为五星大将。顷刻之间，批评如潮水般向你涌来。如果你没有及时将其消灭于萌芽状态，那么起初语气强烈的"不，妈妈！"或者"停下，爸爸！"很快就会变成恶意的批评。

作为父母，你的使命在于让孩子接受一个重要的观点——世界上不存在完美，无论人还是事物，我们努力使事情尽善尽美，是好事一桩，但有时候我们必须接受不完美，这样才能解决问题，继续进步。为了他的精神健康，也为你自己的心灵世界，你的处女座男孩非常需要学会这一课。有些玩具能够帮他尽快明白这个道理，比如搭房子的积木（最终还是要坍塌），或者那些需要他发挥相当出色的动手能力的玩具，都会深受其喜爱。

★处女座女孩

处女座女孩极其女性化。当她还是个婴儿的时候，就表现得非常娇弱。任何人凝视着婴儿车里的宝宝，都不会问："是男孩还是女孩？"因为他们一眼便能辨认，她那姣好的容貌和轻柔的动作，散发出甜美和柔情，集中了你能想象出的小姑娘应有的一切。随着处女座女孩的成长，她会一直特别关注自己的外表。这样做的目的，展现魅力是其次，更多还是为了追求整洁与衣着得体。她们的星座——处女座，指的是护火贞女，她们早期生活的职责是照看火堆，然后才能得到允许，动身去寻找伴侣，并且开始组建自己的家庭。处女座的存在，被经典地描绘成"处女"或纯洁，不论男性还是女性，但凡出生在这个阶段的人，都无法摆脱这样的定位。比起那些男孩，你的处女座女孩也许更加强烈地体现出这些特点。

你也许会注意到，处女座小孩并不喜欢身边聚集很多人。首先，她必须学会信任自己的环境，包括你以及你和她一起玩耍的方式。你对自己的处女座女孩要保持温柔，不必立刻直接教她如何强硬。在她建立信任之后，再教她如何自我保护，不论身体还是情感。实现这一点的最佳办法,是用简单的知识把她武装起来,帮助她辨别其他人何时让她觉得不舒服。你要接受她本来的样子,鼓励她顺应天性去发展。这样,随着年龄的增长,她的羞涩会消失,她的自我保护也会逐渐增强。

虽然你也许想不明白,为什么照顾别人对她而言如此重要,但你必须理解这是她与世界互动的方式,并且最终会发展为她成年之后适合自己的职业。培养这种品质,可以让她照顾植物,或者让她把宠物打理干净。最后,她会建立自信,因为在应对请求和满足需要方面,她是如此能干。

★天赋和兴趣

艺术与手艺

你的处女座小宝宝特别擅长把小物件摆放到一起。不论男孩还是女孩,都喜欢诸如切割、涂抹之类的活动,还有贴纸。但是,当事情不能按原计划进行时,你要准备好应对处女座孩子爆发小脾气。如果他们喜欢的某个卡通人物画像上下颠倒或者摆放有误,也会激起他们的自责,感觉自己像个废物。

语言

在语言和阅读方面,处女座非常追求精确。如果处女座宝宝没能像你预期的那样快速掌握单词与短语，你可以考虑把所有的事物分解成小要素。处女座宝宝需要规则和结构，才能理解这个世界。与其依赖机械背诵，不如在孩子很小的时候就教授拼音，并使其钻研语法。

园艺

处女座宝宝的小手喜欢玩弄泥土。这一点也许不符合处女座对于卫生的要求，但是泥土是处女座的元素。种植草本植物或者照料一座花园，能够帮助你的处女座宝宝接触到那些最本源的事物。即便在蹒跚学步的阶段，你的处女座宝宝也能感受到泥土帮助美丽植物生长的力量，并从中获得抚慰。

★小小的挑战

处女座对于完美的追求，让人难以理解，尤其是当你急着把事情干完，而不是做得尽善尽美的时候。这类例子很多，比如，让处女座孩子穿衣服时，他们会因为诸如鞋带有点儿松或者衣服有个小污渍之类的小事焦虑。再比如，他们会要求用餐时盘子里的食物摆放得称心如意。也许你会将这些强烈的组织倾向视为一个大好处（它们确实能够成为大优点），但是也不能任其无限制发展。

在这种貌似追求万物完美的心态背后，潜伏着处女座真正的动机：获得并保持对环境的控制。处女座宝宝也许会瞥你一眼表示批评，等她再长大一些，自然就用语言表达。为了处女座宝宝，也为了你自己，你必须将自己放在一个更高的位置，使其明确长幼尊卑，并坚持让孩子始终听从这一原则。

有些处女座宝宝最终意识到自己无法实现完美，便开始不论整洁还是有序，统统放弃。了解这一点很重要。如果你的孩子看上去并不符合处女座那种井井有条、循规蹈矩的风格，也许上述情况正在发生。接下来，你必须严格要求孩子将秩序重新带回生活。如果你的处女座孩子不那么刻板，确实令人宽心，但是如果没有了秩序感和结构感，处女座宝宝会失去航向，没有安全感。你的最佳做法，便是帮助孩子在自爱与慷慨之间，建立起有益的平衡。

★管教处女座宝宝的秘诀

对于一个或许已经过度自律的孩子，你又该如何训导呢？虽然你的处女座孩子看上去一直在强调规则，并且经常指出那些违规行为，然而事实上，有时候他们之所以那样做，仅仅是因为自己出现了越界行为。一旦发生这样的情况，你必须准备提供压倒一切的秩序和权威，也许那正是你的孩子无意识状态下希望从父母那里获得的东西。

处女座小孩必须明白，不能总让他来扮演主管的角色，他也无法真正了解对于每个人而言，什么才是最好的。教他们学会这一课，有个好办法，就是将你的愿望温柔地强加于他。比方说，小孩子更倾向于外出散步或者坐在婴儿车里逛公园，而不是去杂货店。与其让小孩子进行选择，不如明确宣称你打算做什么，然后让他照做就是。如果小孩子反对，你可以跟他在外出意向上争执一阵子，而且最好能最后取胜。

处女座孩子会做出那种能够惹怒父母、让父母心烦意乱、考验父母耐心的事情，所以在这种情形下，最好的回应方式便是保持淡定、平静以及坚定不移，这样他就无法对你采取任何控制。为了确保处女座宝宝明白这个道理——除了他为别人设定的规则和限制之外，世界上还有其他规则和限制，也许这是最好的方法。

★处女座宝宝的最爱

跟你的处女座宝宝一起唱的歌

《绿草丛生》(The Green Grass Grows All Around)：园艺带来的快乐。

《宾狗》(Bingo)：判断何时应该拍手，适合处女座的注意力以及对细节的关注。

《跳下去转过身》(Jump Down, Turn Around)：所有内容都是关于摘棉花的工作。

跟你的处女座宝宝一起看的电影

《小蚁雄兵》(Antz)：这部精彩的电影体现出劳动者对于社会的重要贡献。

《欢乐满人间》(Mary Poppins)：那位可爱保姆的音乐故事，会唤起处女座宝宝的秩序感。

《秘密花园》(The Secret Garden)：通过这部电影，处女座孩子能够理解身处悲伤境地时，可以做一些有益的事情将悲伤转化为美好事物。

和你的处女座宝宝一起玩的游戏

小猫摇篮：对于提高孩子手的灵巧度，很有帮助。

石头剪刀布：展示力量并非总是良策。

疯狂扑克：处女座孩子具有墨丘利神相助的头脑,他们喜欢牌类游戏,尤其是包括分类环节的游戏。

和你的处女座宝宝一起读的书、诗歌和童话

《柳林风声》(The Wind in the Willows)：万事万物都会在这本书中登场。

《老妈妈哈伯德》(Old Mother Hubbard)(1935)：该电影非常符合处女座乐于提供服务的愿望。

《蚂蚁和蚱蜢》(The Ant and the Grasshopper)：勤者必胜!

用这些食物犒劳处女座宝宝吧

全麦面食：处女座孩子需要容易消化的健康食物。

梨汁：味道清淡而且非常吸引人。

西兰花：处女座孩子要吃得健康——他们喜欢绿色食品。

★处女座宝宝的着装风格

简单、整洁以及雅致，是唯一与处女座相配的风格。在坚持让宝宝感觉舒适的同时，也要考虑给他们穿一些"讲究"的衣服。任何一个小孩在日常生活中，都会偶尔弄脏衣服，但是对于处女座孩子来讲，一旦衣服上出现污点，就必须立刻处理掉。还有，处女座更喜欢穿讲究的裤子以及裙子，而不是宽松随意的工装裤或者运动服。

女孩：这个小公主非常喜欢穿小裙子以及可爱的鞋子。她会爱上那些换装游戏系列，并且能够跟她的洋娃娃一起分享其中的乐趣。

男孩：他会想穿正式服装，甚至可能鼓动你为他买晚礼服。还有，随着孩子年龄的增长，可以考虑在他的裤腿上加一层护膝，以便他更好地在园艺活动中大展身手。

★处女座宝宝的环境

处女座的环境需要尽可能的整洁有序。虽然你没能发觉有几样东西散落在四周,但是处女座宝宝可能因此心神不定。如果你的处女座宝宝哭闹不止,试着把他所在的地方打扫得足够干净,如此一来,房间就会显得更加安宁有序。

★安抚爱干净的处女座宝宝

除了把他的地盘收拾得干净整洁,你还可以经常给小孩子找事情做,让他忙个不停,这种方法也能安抚处女座小宝宝。当他还是个婴儿的时候,可以让他握着你的手指,也可以给他一个嘎嘎作响的儿童玩具。接着,如果他根本没有打盹的意思,就在他的儿童床里放一个忙碌盒之类的玩具。"工作"这种事情,确实能让处女座宝宝平静下来。在他正式就寝或者打盹之前,需要早早地开始做准备,让他们能好好休息一番。比起其他小孩子,一个稳定且可预见的程序对处女座宝宝更加重要,所以尽可能地坚持这一点。

★如何激励处女座宝宝

处女座会关注细节,所以有很多玩具能够取悦他们:

- **智力玩具**：即便在很小的时候，处女座就喜欢错综复杂的思考过程，推导出适合用哪块以及适合放在哪里。
- **缝纫与拴系类玩具**：处女座宝宝喜欢锁上、解锁、拉拉链、解拉链，当然，还有缝纫。处女座宝宝的此类技能，远远超出孩子的一般发展水平。
- **沙盒**：找机会让处女座宝宝把自己弄得脏兮兮，让他大吃一惊。铁锹和筛子之类的工具都会成为他的最爱。你会吃惊地看到，即便是灌满一个水桶这样简单的事情，这个小孩儿做起来都是如此认真。

★处女座宝宝的学习方式

处女座通过选择来学习，他们对于分类的感觉非常敏锐。如果你的孩子成年后从事会计师工作，这一优势会让他出类拔萃。当他们还是孩子的时候，你就必须通过展示灰色地带，来平衡他们非此即彼的世界观。除了分类玩具以及智力玩具，给孩子一块黑板、一个画板或者黏土模型，来帮助处女座小孩发挥工艺才能和创造力。

12星座父母 VS. 处女宝贝

作为爸爸妈妈,如果你的星座是……

白羊座

养育处女座宝宝貌似简单,特别是她看上去如此温文尔雅。但是,随着宝宝逐渐长大,这种情况可能发生变化。这个小孩与你风风火火的作风有些格格不入,她想要的温柔体贴远远超出你自然而然所能给予的。你需要练习安静的技巧,还得扮演一位相当出色的清洁工,或者干脆雇个女佣。

你的小孩会坚持凡事都得按部就班，你得当心，以免让他凌驾于父母之上。做到这一点，需要持久的耐心，但是你知道这并非自己的长项。另外，这个小孩的社交方式与你完全不同，就算无法理解，你也必须允许处女座小孩保持自己腼腆羞涩的风格，直到他对其他人建立更多的信任。

说到制定规则，你不能让处女座宝宝说了算。处女座小孩恰恰需要你的独立自由，来帮助他发展成为一名身心平衡、坚定不移、内心富有安全感的成年人。

金牛座

你和处女座宝宝会很快成为好朋友。你们都注重效能和实用，并且在所有最喜欢的活动上能够达成一致。你们之间的差别，只是体现在花费多少时间使自己感觉舒服，以及如何让自己感觉舒服。既然你注重自己的良好感觉，你的处女座宝宝如果能够让父母感觉良好，他自己也会很开心。

对你们两人的关系而言，这一点会变得危险，特别是如果你更倾向于让孩子照顾自己时，这样的做法不合适，所以别再让小孩子从另一个房间把你的水杯送过来。处女座小孩也会变得对父母很挑剔，让你怀疑两人当中到底谁是孩子。如果发生了这样的事情，你必须向孩子明示，父母才是负责制定规则的那个人，并且立场坚定地要求他们服从。

同时，你必须让处女座小孩为父母做一些小事儿。允许小孩子为你画像或者捏一尊黏土塑像，或者把他自己最喜欢的一个玩具带给你。所有这些事情，目的都在于建立处女座宝宝的自尊以及发展他的技能。

双子座

虽然你比处女座宝宝更加合群与活跃，但是你们两个仍然有很多共同点。你们的守护星都是水星，水星所代表的特质包括交流、思考以及和谐。在你们的头脑中，存在固有的逻辑观念，因此处女座宝宝幼年早期的全部日程安排很容易就搞定。你也许很轻松就能与小孩儿保持一种常态的融洽。

但是，当处女座宝宝长大之后，如果你想跟他在社交方式上紧密配合，便会出现一些困难。腼腆羞涩的性格与你完全不沾边儿，而处女座孩子也无意像你那样自来熟。不必把他调教成自己的翻版，重要的是接受他的天性，虽然处女座会有很多朋友，但是他不会成为你那样的社交高手。你可以为他树立开朗友好的榜样，帮他认识到大多数人都是安全的。还有，你必须让处女座小孩在合理范围内选择自己的核心朋友圈，从玩沙盒时代，一直到住进大学宿舍。

巨蟹座

你的处女座宝宝很容易照料，你与孩子之间会建立起非常牢固的亲子关系。你要为小孩儿提供足够的安排，但是又不能让他感觉对于自己的活动毫无控制权。你是那种允许孩子顺其天性发展的父母，既然如此，你可以让小孩负责与其年龄相称的家务活儿，发展处女座的小工蜂天赋以及组织能力。

在你能够抓住重点把握方向之前，你必须首先熬过孩子的幼儿期。最艰难的阶段，莫过于为处女座小孩创造一个能茁壮成长的安宁整洁的环境。你需要扔掉更多的东西，有时甚至违背自己的意愿，这样处女座小孩才能在自己的房间里感觉到整洁。同时，不要因为处女座宝宝对于身边的某些东西缺乏情感而心烦意乱。对处女座宝宝而言，不论是第一个泰迪熊，还是最后一撮胎毛，只要没什么用途，就可以马上扔掉。幸运的是，处女座对于周围的人，不会如此无情，尤其是像你这样可爱体贴的父母。

狮子座

你和处女座宝宝能够快乐共处，只要你意识到孩子和自己在一起是为了学习一些东西，而不是生活在你的统治之下。处女座宝宝非常明确自己需要什么，并且会毫不迟疑地告诉你，不论是通过哭喊吵闹，还是措辞激烈地指出你做错了什么。你也许想让别人觉得，不论他人怎样反对，你都不为所动；但是在家里，处女座小孩只要瞥你一眼，就会让你底气不足。

处女座的工作就是研究，然后批判，至少那是他们坚信不疑的原则。除非你将问题澄清，并且证明自己的信心绝非虚张声势，否则他会继续向你发起挑战。也许你时常会产生一种冲动，想对着处女座小孩大声咆哮，以此震慑对方，但是这种方法并不奏效。虽然个性腼腆羞涩，但是处女座小孩会对你的能力持怀疑态度，除非你亲自证明。

在挖掘处女座宝宝潜质的过程中，你需要扮演领导者的角色，而不是独裁者，如此一来，你会赢得尊重。你也可以给处女座小孩那些他们在世界上生存所赖以需要的工具，不论幼年还是将来。

处女座

你和宝宝在一起会非常开心，因为你们用相同的方式看待事物。你知道如何营造家庭氛围能够让宝宝感觉舒适平静、开开心心。但是，你必须多加小心，警惕自己陷入迎合宝宝每一个需要的误区。

当你无法提供处女座宝宝所需要的勇气与安排，她可能会表现得缺乏安全感以及忧心忡忡。这种情绪可能会引发无休止的哭闹。对于自己身为父母的能力，你必须拥有强烈且坚定的信心。如果遇到某种情形，你不确信该如何面对，就去调查一番。当你的孩子貌似无端哭闹时，可以请教长辈或经验丰富的人。

你也许想为处女座宝宝创造稳定和舒适，通过拥抱他，并且是远远超出你认为自己应该做到的程度，或者保证他被裹在一张毯子里，让他产生被拥抱的感觉。这种做法对你也有意义，毕竟，你们的方式实在是太一致了。

天秤座

你的处女座宝宝容易相处的程度，令人吃惊。对于你为他们添加的那些小装饰，处女座小孩会非常喜欢。你为宝宝提供的那些讲究的衣服以及安静的环境，会让他们感觉宁静而且安心。对于处女座而言，这些都至关重要，毫无疑问你能提供他们想要的环境。

但是，随着孩子的长大，你和宝宝也许无法以同样的方式看待事情。处女座小孩必须保持做事的状态，而你呢，在自然而然的状态中感觉更舒服。虽然让小孩子主动为你拿东西或者帮父母收拾房子，感觉很不错，但是你不能让这种角色颠倒的局面持续太久。

在你和处女座小孩相处的过程中，树立领导的角色至关重要，因为你有时候过于温柔的方式或许会让处女座小孩感觉不稳定、不安全。要让处女座小孩明白，你感激他在帮助父母方面付出的努力，但是也要使其明确，父母永远守在他身边，帮助他收拾残局，击退他内心的恐惧。

天蝎座

你和处女座宝宝会营造出一种生气勃勃令人愉快的氛围，其他家庭成员也会津津有味地欣赏你们的表演。天蝎座喜欢控制生活中的一切事情，对这点你一定也心知肚明，但是现在，你的小孩也有着同样强烈的愿望，要成为所有事务的老板和负责人。

你无需花费太长时间，就能在孩子面前树立起自己的优势——当然是用慈爱和包容的方式。但是，如果你忽略了孩子不得不教给你的东西，也着实可惜。也许你会发现，看待事物不必总得深入挖掘情感的源头，尤其是跟处女座小孩在一起的时候。如果你的宝宝哭闹起来，未必是因为有人评论了他的发型或者最喜欢的衬衫，使其心灵受到伤害，也许只是因为他需要换尿片了。

在一定程度上，处女座小孩喜欢看到父母局促不安的模样，所以不要让这些小琐事儿削弱你的耐性和信心。用你的坚韧顽强以及对于自我能力的强烈信念去影响处女座宝宝，小孩子一定会变得和你一样精力旺盛。

射手座

处女座宝宝的诞生，让你欣喜若

狂，因为这个小孩子看上去从一开始就拥有一切。但是，一旦你进入日常生活的状态，情况会稍微发生变化，你的处女座宝宝也许无法像你那样总是开开心心、怡然自得。

对你而言，让处女座小孩感觉到安全和受到保护，真的很重要。与其将小宝宝放在婴儿车里跑跑颠颠，不如花些时间抱着小孩安静地坐一坐。处女座必须学会信任你，这是一个相当缓慢的过程。如果你的宝宝害怕洗澡水或者马路上的来往车辆，或是一只靠近的狗狗，不要对他失去耐心。想想你的使命吧，你需要缓和这个柔弱宝宝的恐惧不安。

你可以以身示范向小孩子证明，世界并没有他们想象的那般可怕。你们两个也许会喜欢做一些需要体力和耐力的事情，而这正是你一直以来的习惯。同时，你也需要放慢速度，让处女座宝宝能够跟上。这时你正好可以停下脚步，闻一闻花香。

摩羯座

你对处女座宝宝的爱，甚至会超出你自己的想象。你们两个有太多的共同点，甚至在他的控制权问题上，你的处女座宝宝也会听从你的领导。如果处女座宝宝的父母们都能像你一样，孩子们就都能够建立起健康的自尊心。

在帮助小孩子树立信心去面对世界这件事情上，你有独到的做法。你心平气和的领导风范，能够鼓励处女座小孩跟上你的步伐，并且能够激发小孩子强烈的勇气和信念，从而实现貌似难以企及的目标。

有时候，处女座小孩也许会有点儿难以控制。这个小孩儿，就像你一样，自认为很清楚什么人在什么时间应该做什么。尽管如此，在他成为一位能够担当责任的成年人之前，你必须教给他屈服于现实和权威的重要性，即便你使用的方法在那个明智、讲究实际、还有点儿支配欲的处女座小孩的眼里，没什么道理可言。

水瓶座

从一开始，你和处女座小孩就会有一些争论。你也许很难弄清楚这个小孩子可能存在的问题究竟是什么，因为你觉得自己已经为孩子提供了食物、保护、衣服，还有起码的抚慰。真正的问题其实在于你的小孩子需要更多的悉心照料和安慰。处女座来到这个世界，确信自己知道凡事应该如何，但有时涉及到信任，他会羞涩不安。

如果处女座小孩感觉到你所关注的东西严重脱离实际时，他会变得独断专行，有时候还会充满恶意。对他而言，你的观点除非能够即刻应用，否则毫无意义。这个小孩儿应该懂得，除了让自己的需要得到满足，生活中还有更多的事情要做，你会成为教授此课的出色人选。

尽早带领孩子参与到集体活动中。之前，为小孩子多朗读一些以服务他人为主题的故事。尽管处女座总是与提供帮助联系在一起，但是像你这样的梦想家能够让他从埋头苦干中抬起头来，放眼四周。

双鱼座

你对于处女座小宝宝充满爱慕，可能还有点儿过火。你特别擅长为这个容易杞人忧天的小家伙创造一个温馨平静的生长环境，同时需要在自己的组织技巧方面多下工夫！处女座凡事都要讲究规律，他不希望你安排好的计划出现变动。你自由随意的态度会让这个孩子缺乏安全感，如果发生这样的事情，小家伙会哭闹起来。

你显然不会改变自己的风格，当然也无法改变孩子，但是你最好能够让生活更加有条理。多留心一下时钟和日历，注意这个时刻该做什么，下一个时刻又该做什么。只要确信事情会按照预期进行，处女座小孩的哭闹就会大大减少，夜里也会睡得更踏实。

你的能力会让处女座小孩受益匪浅，帮助他们超越艰难无情的现实，并且去探究那个奇妙的、充满想象的世界。尽管你们的观点相差甚远，但是你们俩仍然会成为此生最好的朋友——只要你为处女座小孩提供强大的安全感，就会在他的人生之路上发挥正确的导航作用。

处女宝宝敏行 + 白羊妈妈范纬

认识爸爸妈妈的人,谁见了我都会说"跟妈妈真像"或者"太像爸爸了"。可是,爸爸妈妈并不这么认为。

有一次,吃过晚饭,他们俩兴高采烈地说:"咱们出去玩吧!"我很干脆地回答:"不!我要在家里玩!"爸爸妈妈坚持说:"外面多好玩啊!"我也坚决地回答:"不!我是宅女!我要在家玩!"这时候,爸爸妈妈互相看了一眼,有点儿不高兴地摇摇头:"你到底随谁啊?!""你怎么跟我们一点儿都不像呢!"

如果外面没有特别吸引我的事情,我还是更愿意在家玩,照顾我的动物毛绒玩具,或者为芭比娃娃们办盛装晚宴。我喜欢做这样的事儿,就算从早忙到晚都不烦。

女孩们都喜欢芭比娃娃，我也不例外。我喜欢她们的高跟鞋、长头发、红嘴唇、漂亮裙子。每次摆弄芭比娃娃，我都会问妈妈："我什么时候才能穿成这样呢？"妈妈总是回答："等你长大以后吧！"

在商场里，妈妈也经常说这句"等你长大以后吧！"每次逛商场，我看到高跟鞋就不想离开，一只一只拿起来，递给妈妈，想让她试一试。妈妈十次有九次根本没兴趣，她会撇撇嘴说："噢！我不喜欢穿高跟鞋！你要是喜欢，等你长大以后自己穿吧！放心！我绝对不干涉你！"

我盼着长大，因为妈妈答应了，等我长大之后，就可以按照我自己的想法，穿美丽的裙子，涂彩色的指甲油，当然，还有我最向往的高跟鞋。现在还不行。

我们家很多事情都得少数服从多数。比如，爸爸提议去植物园，我想去游乐园，最后到底去哪儿，就要看妈妈的态度。那次，妈妈站在爸爸这边儿，我只好同意。当然，我也有赢的时候。有一次逛小店，我想买毛绒玩具，妈妈反对，说家里的毛绒玩具都快淤出来了。爸爸在旁边说："我同意买！"还没等我说什么，妈妈撇撇嘴："那就买吧！少数服从多数！"店员阿姨在旁边乐了，妈妈摸着我的脑袋解释说："我们家就是这样！少数服从多数！"

做决定的时候，我们少数服从多数。慢慢地，我发现，在很多事情上，他们这些"多数"也让我这个"少数"越来越服从。以前，我画画涂颜色的时候，涂得不满意就会发脾气，气极了还要大哭一场。现在就不了，涂不好就涂不好，慢慢来呗，总会一点点进步。他们都这样。

不知道爸爸妈妈发现了没有，我现在越来越像他们了。爱读书、爱美食、爱旅行，喜欢跟别人聊天，喜欢边走边唱，喜欢编故事……我知道，不管我像不像爸爸妈妈，他们都会爱我。

天秤座

宁静而理智的浪漫者

出生日期：9月21日-10月21日

守 护 星：金星——艺术和公正、表示爱情的一面

旺　　 星：土星

幸 运 色：浅绿、粉红和黑色

幸 运 石：猫眼石、碧玺

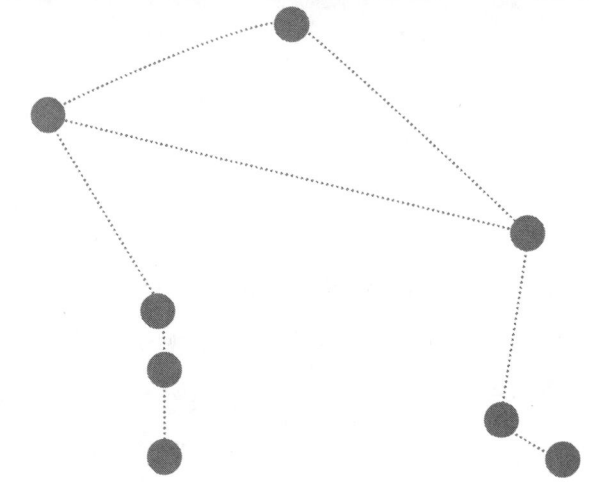

在收获的季节，一系列美丽的事物都出自天秤这个星座。天秤座是风相星座，最重要的是，秋天使天秤座的人具有一种追求多样性和行动力的渴望。天秤座的孩子具有非常积极的精神生活，而且最享受事情的开始。天秤座渴望完美的平衡、安宁、和谐以及美好。天秤座的孩子天生有魅力，非常喜欢成为被关注的焦点。他会充满微笑，并比多数孩子更安静，他的最大愿望是使别人快乐。

天秤座经常会评价别人，给人打分。天秤座的孩子们会密切观察你的每一个吻是否真诚如一，从而判断你对他们的接纳程度，并调整自己的行为，直到他们知道自己已经搞懂。只有感到自己充分被爱的时候，他们才会觉得安全。这导致你的小天秤特别渴望得到你的陪伴，即便不能做到每时每刻，起码也要尽你所能。

这个星座的人是思想家，但不是具有建设意义的思想家。天秤座会想方设法使世界变得更美好，他们不仅用眼睛而且用感觉来发现美。对这个孩子来说，没有比宁静的世界更值得向往的了，这个孩子的敏感程度超乎你的想象。一个刺耳的噪音、敌意或喝斥、一次家庭争吵都会突然之间使这个孩子变成泪人。你要仔细照顾小天秤的这些倾向，不过，也要想办法使他明白事情不会总是很完美。你甚至必须时不时让他哭一下，只为了教他明白怎样自我安慰。如果你不能亲自陪伴这个小甜心，就给他一个可爱的玩具吧，最好是可以抱着的毛绒公仔。

★天秤座男孩

天秤座男孩与其他男孩不同。他们似乎知道什么时候应该打扮得衣冠楚楚出席某个特殊场合，比如教堂或家庭聚会。天秤座男孩照相的时候会面带微笑，总是希望而且有自信让自己看起来很帅。他穿着崭新的衣服和色调搭配的新鞋，如果你告诉他这样很时尚，他会非常开心。

天秤座男孩尽管以安静著称，但绝不是温顺的羔羊。这一点从室内游戏就可以看出端倪：他们一面扮作好好先生，一面希望抓住主导权。这种孩子会跟所有其他孩子打成一片，通常是为了尽量使每个孩子为自己做事。天秤座男孩正是通过这种间接的方法显示自己作为"老板"的能力，又让其他孩子觉得自己很温顺。其他孩子会争着帮助他，因为觉得他真的喜欢他们"每个人"。正是用这种方法，天秤座男孩能够团结一大帮朋友。

不过，天秤座男孩可能不爱玩其他孩子爱玩的很多游戏。他更多地生活在"精神世界"，不太热衷于在室内打打闹闹，或在室外跑来跑去抢球。相反，他更喜欢玩一些智力游戏，编一些以自己和想象的朋友为主角的小故事。他很合群，很受同伴喜爱，但对同伴们他却不会一视同仁。因为热爱平衡和美好的事物，天秤座男孩会把那些公开捣乱的家伙剔除自己的密友之列。天秤座男孩痛恨不公正，要是有人原谅恃强凌弱者，并再给他欺人的机会，尤其是欺负过自己的人，他会强烈不满。

给天秤座孩子一些在逆境生存的武器吧！教他知道，愤怒也是一种有效的情绪，他们愤怒时所做的恰恰是最重要的。教他怎样直接发泄自己的情绪，会帮助他们避免多年被扣上"消极抵抗"帽子的命运。

★天秤座女孩

天秤座女孩一定能够满足你关于甜美乖巧的女孩的一切想象。她很爱打扮，总能保证自己看起来近乎完美。从很小的时候起，她就能意识到自己的发带掉啦、或尿布从裙边露出来啦——她都会让你给她整好！她洋溢着魅力和优雅，人们总会赞扬她多么多么美丽。在某种程度上，这些都是真的——但作为天秤座女孩的父母，你们千万不要被这些蒙蔽，以为她像表面看起来一样千依百顺和完美无缺。

天秤座女孩会展现许多天赋，尤其在艺术方面。她会非常喜欢写字画画、唱歌跳舞。在她很小的时候，你大概就想给她报个舞蹈或音乐的兴趣班，但报班之前，你要知道一个事实：虎头者有可能会蛇尾；天秤座女孩会因为无法同时参加许多不同的活动而打退堂鼓。可以让她尽量接触各种艺术表达形式，但没必要每个都付钱。明智的办法是，把钱投到她有热情又有天赋的活动上，这样你会发现，她会很努力，钱又不会白花。

小天秤在长大之前会向你展现很多除了喜欢公主装、蓬蓬裙和踢踏舞之外的方面。天秤座女孩有着不凡的头脑，一出生就非常聪明。重要的是，你至少要像关心她的艺术成绩一样关心她的学习成绩。她选择朋友的标准是，这个人是否跟自己智力相当，而非是否令你觉得"有趣"。同时，她需要知道，善良比美丽更重要，应该使自己遇到的每个人都有机会成为自己的朋友。

要引导天秤座女孩把更多精力投入到那些在长时间内最有助于她的活动，并相应地给予鼓励和掌声。天秤座女孩最想要的是被人喜欢，至少在这个年龄阶段，没有谁比你更重要。

★天赋和兴趣

艺术

小天秤总想使这个世界变得"更美好"，因而会在大多数艺术方面展现天赋，特别是在写作、绘画和舞蹈方面。你可以让他在自家地板上画手指画或跳踢踏舞来表达艺术想象，不过，最好进行正式的训练，因为这些孩子不能持之以恒。

语言

小天秤很早就会开口说话，这充分表明他们很聪明，喜欢跟人交流。什么时候给孩子读书没有一定，但对小天秤来说，你会开始得更早些。除了没有配乐的摇篮曲，试着给这个聪明的小孩读点抒情诗或十四行诗吧，这种悦耳的语言形式会给小天秤留下美好的印象——总有一天，他会自己跑到最近的图书馆。

智力游戏

小天秤一方面很安静，一方面又很能掌握游戏规则并想方设法赢得胜利。他们能够看到每个问题的两面。虽然他们以宁静著称并讨厌激烈的争论，但在精神追求方面具有强悍的竞争意识。及早教他棋盘游戏和儿童象棋，能培养这种能力。

★小小的挑战

小天秤似乎不难对付，尤其是个小婴儿和学步童的时候。既然拥有这么多天赋和潜能，那么，这个艺术家小顽童是否就能自然而然成为完美的大律师、大诗人或军事家呢？大概不能，如果你不给他提供足够的挑战和相应的限制。像大多数人一样，天秤座追求愉悦、情感和满足，但大多数天秤座喜欢通过工作来达成！被手指画或舞蹈深深吸引的时候，小天秤会极其专注，简直超出你的想象。然而，遇到学习怎样系鞋带和看钟表这类无聊的常识的时候，小天秤会试图欺骗你，想方设法回避问题或找到更容易的办法解决。魔术贴鞋带的发明者肯定是个天秤座！越平凡的工作，天秤座会觉得越难以掌握。只需拿出想方设法躲避工作的一半精力来切实执行，许多充满眼泪的争斗就可以避免了。一定要确保天秤座"跟随领导"，要使他明白这个领导就是"你本人"。

★管教天秤座宝宝的秘诀

很难想象这个优雅的小东西会"做错事情"，但别被骗了。要想使小天秤幸福成长，必须使他能够接触周围的世界。天秤座的大多数违纪行为与抢先行动有关，比如说，显得缺乏耐心，只接触那些令人无法抗拒的漂亮东西！跟小天秤短兵相接的时候，他对你的逻辑的理解方式会让你晕头转向。你要表达自己的不赞成的时候，最好的做法是无视他。毫无疑问，"中场休息"席是大多数天秤座父母的最好的朋友。除非小天秤表示道歉并转变态度，否则千万不要理他。记住，要说到做到，不能心软。

★天秤座宝宝的最爱

跟你的天秤座宝宝一起唱的歌

《没话找话说》（Supercalifragilisticexpialidocious）：文字游戏是小天秤锻炼舌头的糖果。

《双人自行车》（Bicycle Built for Two）：小天秤希望成为这两个中的一个。

《你如此美丽》（You Are So Beautiful）：你的小天秤一定会同意的。

跟你的天秤座宝宝一起看的电影

《睡美人》（Sleeping Beauty）：小天秤相信自己就是睡美人。

《加菲猫》（Garfield：The Movie）：这个没有野心的猫咪的故事包含了小天秤喜欢的浪漫和友情。

《灰姑娘》（Cinderella）：一个灰姑娘遇到白马王子的故事会激起小天秤的美丽梦想。

和你的天秤座宝宝一起玩的游戏

做小馅饼：小天秤知道你会陪着他，所以很喜欢。

打扮：天秤座女孩喜欢猫头鞋子和珠光唇膏。

战斗游戏：天秤座男孩需要通过安全的方式发泄自己的英雄情结。

和你的天秤座宝宝一起读的书、诗歌和童话

《拉德亚德·吉卜林原来如此故事集》（Rudyard Kipling's Just So Stories）：天秤座只听到"亲爱的"是远远不够的。

《杰克与吉尔》（Jack and Jill）：小天秤无法想象有谁敢独自上山。

《白雪公主》（Little Snow-White）：甚至天秤座小男孩也会患上想成为"最美的人"的毛病。

用这些食物犒劳天秤座宝宝吧

甜菜：用甜美漂亮的颜色伪装起来的蔬菜。

小红莓汁：小天秤需要用它保持肾脏和膀胱的健康。

杨桃：营养价值高，甜美又可爱！

提示：小天秤通常不是个大胃王，但对食物的偏好与天秤的个性类似——喜欢甜美的。

★天秤座宝宝的着装风格

优雅、简洁而出众。天秤座穿着简单的时候最好看。避免图案太多或颜色太杂的衣服,领结和镶边之类的,能免就免吧。

女孩: 她会喜欢一两个饰物,但会扯掉头发和尿裤上多余的饰物。

男孩: 他很早就注意服装设计师设计的优雅条纹,并表示明显的喜爱。

★天秤座宝宝的环境

室内装饰越简单整洁越好。让天秤座的房间保持安静和舒适,只要一两种颜色就行了。需要的话,午睡的时候可以放点轻音乐,最好避免强烈的光线和吵闹的邻居。

★安抚大哭大叫的天秤座宝宝

小天秤开始大哭大叫,大概就是哪里出了问题——直到他被关注的时候才会停止。小天秤之所以能够避免不快情绪，就是靠这一招。小天秤最不能忍受的就是孤独。这些温顺的宝贝很少因为肚子疼或感冒发烧而出现问题。要使小天秤平静下来，最好的办法是抱着他走一走——当然了，你要轻轻地，温柔地！要是你说不喜欢他的哭闹行为，他往往会误以为你不要他了。

若不能陪伴小天秤，或者想要教他学会怎样"独自"待着，你就要记住，最能使小天秤平静下来的是语言。歌曲，有声读物更好，能哄着小天秤在有点嘈杂的环境里入睡。

★如何激励天秤座宝宝

小天秤容易厌倦，所以，在他游戏的时候，别忘了提供一些令人兴奋的活动。他们喜欢的小玩具有：

- **小砖盖大楼**：让小天秤亲手学会怎样达到平衡。
- **会说话的书**：小天秤会想入非非，什么时候"里面的小人"会走出来呢？
- **美术工具**：即便是个小婴儿，天秤座也会把东西打扮得漂亮。

★天秤座宝宝的学习方式

大多数小天秤是通过别人的解说来学习。尽管他们更会用眼睛观察,但总是会受言辞的吸引。一旦小天秤上学了,最好给他们一个平静和至少有序的环境。一个完全开放的教室和过于自主的学习方式不太适合可爱的小天秤。

12星座父母VS. 天秤宝贝

作为爸爸妈妈,如果你的星座是……

白羊座

一开始就要记住,白羊座与天秤座位于相对的两端。你们相互提出建议的时候,天秤座会认为自己的看法更优越。你的孩子可能钦佩你的拳头力量,以及你的勇气和仁慈,但他很难理解,你怎么只是热衷锻炼身体而不重视智慧。天秤座可以很好斗,在玩同一个游戏的时候,他会处心积虑地挑衅你。给天秤座孩子空间,允许他跟你不同,认识这一点之前你就会发现,他其实很像你。

天秤座不能应付突发的脾气。一开始就应该给这个孩子以安静与和睦。看吵闹或暴力的电视剧或电影的时候,不要抱着你的天秤座宝贝;玩打闹游戏的时候要小心。尽管天秤座总有一天会长得像你一样坚强无畏,但这个特征是后天一点一点养成的。

金牛座

你与天秤座有个共同喜爱的行星——金星,但你们的理解方式完全不同。你追求感官和物质享受;相反,天秤座则鄙视奢侈放纵,会觉得你的品位太粗俗。但不要认为天秤座不会花钱!一般的天秤座孩子都会选择最昂贵的衣服、玩具和爱好等。你必须教天秤座明白,钱必须自己去挣。你可能会被天秤座的懒惰逼得发疯。但如果你愿意,你可以学会跟随自己的内心,放慢脚步欣赏美丽。

天秤座会感激你为他提供的生活物质,也会很欣赏你轻轻松松工作到底。你想要小天秤学会什么,就言传身教吧,他很可能从你那里学到勤奋的品格。从小时候起,就教你的小天秤明白,钱不是全部,但只有钱能买到天秤座想要的很多东西。

双子座

第一眼看到天秤座宝贝的时候,

你就好像找到了自己最好的玩伴。这个聪明的宝贝跟你一样，很早就能交谈，很容易被你理解。尽管如此，要谨防无意之间使你的天秤座宝宝变成一个小大人。你们两个都像个孩子，但天秤座比你更喜欢被纵容和溺爱的感觉。要多跟孩子进行身体亲近，这对小孩来说很珍贵，对建立你们之间的感情来说也很重要。与其背着小孩慢跑或闲逛，不如站在那里，抱着这个奇妙的小东西通过眼睛进行精神交流。

天秤座会钦佩你，会被你的玩笑逗乐。你们两个喜欢一起玩文字游戏，听傻里吧唧的歌曲。你需要费神的一件事情是遵守纪律。天秤座看起来温顺听话，但一有机会，他就很会跟你兜圈子。这种聪明的花招经常会在你意想不到的时候蒙蔽你的眼睛，而且天秤座会在很小的时候表现出这一点！要保持警惕、小心、机敏，你就能毫不费力地向这个宝宝表明，你们两个谁是最聪明的。

巨蟹座

天秤座宝宝优雅可爱的举止会让你一见倾心。你为了成为完美或接近完美的父母而做出的一切，宝宝都会感激。你对别人表达感情的方式太敏感了，所以你要明白，小天秤不像你一样喜欢拥抱和亲吻。小天秤很少直接表达亲密之情，但他充满爱意和赞美地轻拍你的脸颊的时候，你肯定会感动，说不定会喜极而泣呢。

天秤座会欣赏你的顾家和情商，但别指望这个小孩会遗传你的天赋。天秤座是个很不独立的类型，希望你见证每个新的经验、每次发言，当然包括每次麻烦！如果什么东西掉了，需要清理或扔掉，天秤座就会完全相信你能做得更好，并坚持这就是你应该做的原因。为了使这个迷人的小家伙不至于变成一个不能自立却又热情的独裁者，从很小的时候，你就要指导他坚持一些有条理的活动，包括收拾玩具、整理衣物等等。

狮子座

你会为拥有这个天秤座宝宝而感到自豪和幸福。那么弱小，那么伶俐，那么讨人喜欢，这个小东西几乎是为了满足你做父母的幻想而生的。尽管如此，你初次迷上这个宝宝的时候，你不会知道，使这个孩子达到你所想象的坚强而自信的地步，需要付出多少辛劳。

天秤座会有许多麻烦的决定，尽管这个孩子似乎总是不断开始，却很难会有令你满意的探究到底的精神。天秤座需要你更多的关注，所以，要完整读完一个故事之后，再开始一个新的故事。你希望自己的宝宝出类拔萃，这会有助于天秤座宝宝在视觉艺术、舞蹈、戏剧和音乐方面发挥天赋，但你也希望鼓励他更加自立自主。这种训练在天秤座婴儿期就可以开始了，通过坚持午睡和毫无怨言的耐心等待，小天秤可以学会怎样自我安慰。总之，你对小天秤要求越严格，他以后越能轻松面对社会。

处女座

你很喜欢欣赏你这个近乎完美的小天秤，但也要早点学会不因为一些细节而苛责这个可爱而倔强的宝宝。天秤座的生活目标是使所有东西都保持原样，但大多数时候，这个目标无法做到。你不会那么轻易迷上这个可爱的小孩，因为你无法容忍懒惰。尽管有点受挫，但你仍会承认自己拥有一个最令人惊奇、又能干又可爱的孩子。

你与天秤座往往相互看不顺眼，因为你关注现实，而天秤座总是欣赏美丽。你理想的托儿所，要有消毒的床单和纯白的墙壁，但这些在小天秤看来却是如此的贫瘠。对他来说，从床上用品的蕾丝和流苏，到婴儿床上优雅隐现的舞蹈小人儿，都是不可或缺的。视觉艺术的环境能刺激天秤座宝宝的艺术敏感，声音舒缓的背景音乐能抚慰你们两个的心灵。你可以教会天秤座很多，也能从他身上学到很多，包括什么时候停下工作去嗅一嗅玫瑰的清香。

天秤座

拥有一个笑容甜美、眼神温柔而性格平和的漂亮小家伙，是一件多么令人激动的事情啊，尤其是这个小家伙那么像你自己！看着他慢慢长大，你会不由自主地会心微笑，轻轻颔首。小天秤那充满爱意的害羞微笑最让你着迷。然而，你还是知道这个孩子的实际情况更好些。

众所周知,天秤座喜欢用简便的方法做一切事情,所以,身为天秤座的你在抚养小天秤的时候会遇到一些麻烦。你能证明这个事实:繁重的工作往往是实现愿望的最快方式吗?你认识到这个教训的时候,你大概已经经受了巨大的痛苦,所以尽可能把这个教训教给你的孩子吧。不要让小天秤高高在上无所事事,把一切都为他办好。鼓励他自己爬动,自己学步,自己慢慢想办法达成目标。你知道的,天秤座通常都不会努力做什么事情,除非有大奖作为酬劳。对你的宝贝来说,这个大奖可以是一个喜欢的布偶、一个光滑的牙胶,或是一餐美食。

天蝎座

天秤座宝宝的漂亮外表和甜美性格是你想有个宝宝的重要原因。在某种程度上,天秤座很感激你的保护欲。你很喜欢小天秤刻意讨好你,而你也可以运用自己的聪明才智解决天秤座之所需,从而被他们爱戴和接受。

在这个世界上,大概没有父母会像你那样表达反对和轻蔑吧,要注意,你没有好脸色会导致天秤座在小时候会很怕你。举个例子,你发现天秤座在按你的按钮,或有危险的时候,收起你的嘲笑。其他时候,要让天秤座明白,没有人会多次静静地忽视无聊的行为。尽管事无巨细料理天秤座宝贝的事情并没有良好效果，但小天秤毕竟喜欢你站在旁边看着，保护他、支持他。请鼓励天秤座用自己的聪明才智来解密世界，从简单的箱子分类，到漂亮的画底猜谜。

射手座

你首次抱着天秤座宝宝的时候，一定会欣喜若狂吧——千万不要激动得手一抖，把婴儿掉下来！你需要一段时间适应这个宁静而矜持的宝宝。不像你，这个孩子没有什么实质动力的话，是不会做什么的。但有一点，你会为你们之间的迷人交流而激动不已。是的，小时候，你们之间的交流仅限于很少的几个音节，所以，你必须用一些非言辞的提示来告诉这个异常聪明的小人儿，你所知道的什么是最好的。在游戏中加入这样的方法，你们都会开怀大笑的。

娇小而精致的天秤座宝宝看起来绝对无害。但从一开始，你就要明白，这个孩子有个方面比你更好。你跟孩子忠诚而仁慈的相处方式，正是天秤座想要的！这个孩子不久就能把你指挥得团团转，除非你设置一些限制。仅仅是言辞就让你退缩了，但如果你不给孩子一些规矩和可以预测的限制，你会遇到麻烦，也不会得到孩子的任何好感。如果你设立规矩而又成为一个好家长，你和天秤座孩子就永远是最好的朋友。

摩羯座

可怜的小天秤！这个聪明的小人

儿丝毫不知这对父母与子女之间会发生什么。你当然宠爱自己的新生婴儿，但你同时还得很好地约束他，一定要让他适当守些规矩，只有这样，你才应付得了他耍小聪明来逃避你的权威。

把爱意、赞美与机智的成人指导结合起来很重要。要想把你的观点传达给你的天秤座宝宝，有个好办法就是在游戏中加入"对与错"的教育。奖赏他一个微笑和搞怪的动作，肯定能逗得你的宝宝咯咯傻笑。你的宝贝有危险或太吵闹的时候，要想让他停下来，你可以发出滑稽的声音或示警。严厉的声音和情绪的突然变化最能镇住你的宝贝。因为天秤座非常想要保持平静，会避免一切争执对抗，你必须直接表达你想让你的孩子做什么，注意保持幽默。你教小天秤规矩和伦理价值的时候，这个聪明的孩子会显出傻傻的一面，甚至还不了解就哈哈大笑起来。

水瓶座

小巧的脚趾头、光滑的皮肤，小天秤宝宝的这一切，都印证了你的怀疑。是的，你有了一个最可爱的孩子。在感到心满意足的时候，你要知道，抚养这个孩子还有许多事情要做。首先，这个孩子尽管很聪明，但毕竟是个小婴儿，在很小的时候还是要像对待婴儿那样对待他。他最先展露艺术和交流方面的天赋，然后开始显示优异的智力。你跟这个孩子很容易成为

"精神伴侣"，但首先，你要赢得小天秤的关注和信赖。

小天秤需要你时刻关注，不管喂养还是在教育。一边应付恶俗和讨厌的事情，一边照顾一个小婴儿，尽管很不容易，但你必须这样做。为了让宝贝觉得安全，你要证明自己一直在他身边。随着孩子的成长，你最有可能成为他的密友，但为了做到这一点，你必须竭尽全力向他证明你值得信赖。

双鱼座

对你来说，这个小人哪儿都是完美的。你会注意到他娇弱的心灵，想尽最大所能使他不受创伤。你跟小天秤一样，不喜欢噪音和捣乱行为。你们两个可以生活在你们的小小世界，小天秤会因为你在摇篮和其他地方营造的梦幻氛围而感到非常幸福。

不过，关注这个小精灵的时候，你要更多关注现实。为了看看你是否真正关注他，这个小鬼往往会做一些调皮或危险的事情试探你。特别重要的是，你要一直加大对他的关注，这样，你的天秤座孩子才能在你们的二人世界里长大成人，自尊而自信。阅读有关魔术和神话的故事，可以教给小天秤更多精神世界的东西，你可以通过实例向孩子表明，我们所能拥有的最宝贵的能力就是相信某种超越我们人类智力的力量。

齐齐
沉溺于幻想的"优雅小公主"

天秤宝宝齐齐 + 狮子妈妈徐琰

看天秤座宝宝的这段文字时,一些惊叹、一些迷惘,还有一些爱和喜悦的情感开始随之慢慢丰满。我的脑海里时常弥漫着许多片段,这些片段与调皮可爱的女儿模模糊糊地重合起来,一时间都有些恍惚得分不清楚。

给女儿讲青蛙王子的故事,她会把里面的小公主自动地幻想成自己,也会经常把自己幻想成一些其他可爱温顺的小动物,比如小猫咪、小兔子。有时做错了事,不用怎样板起脸孔,只需用惋惜的音调对她说,你可是个小公主(小猫咪、小兔子)啊!她就会很快坐端正,且挤眉弄眼装出一副优雅可爱的样子。有时我们几个朋友一起谈笑正酣,忽略了蹲在角落里玩着什么的小家伙,也不知何时,她发现了被忽略,便会神色自若地凑上来,不管三七二十一,先声情并茂地唱一首拿手的儿歌再说,她望向众人的目光是那么柔软无辜,令人如沐春风。这个形象和刚刚蹲在角落里的那个小身影如此不同。我的敏感而虚荣的宝贝啊,让我怎么说你好呢?

除了弥漫在心里的浓浓爱意,在这文字和生活宿命般的相似面前,作为一个母亲,我还有着无法言说的沉重。

看着眼前这个站在漫长路途的起点、孤单柔弱的小身影,我的心里一阵迷惘:是要按自己有限的所知去指引,还是应该顺其自然?也罢,思多令人老啊,带上我们的爱与责任,且行且珍惜吧!

♏ 天蝎座

水相达人

出生日期：10月22日–11月21日

守 护 星：火星——夜晚，如同备战的忍者武士，站在一旁

旺　　 星：没有，也不需要。天蝎的力量如此深厚，唯有火星可以植根天蝎内心

幸 运 色：黑色和紫色

幸 运 石：黄宝石、黑曜石

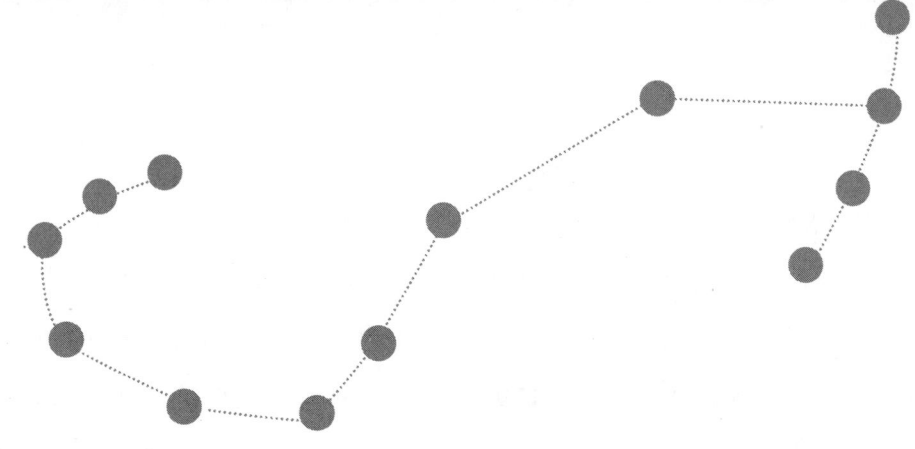

你怀抱着这个安静的小宝宝,他喜欢凝视,爱好安宁,是典型天蝎座的范儿。因为在他生日期间,地球刚刚从收获庆典中回复平静,收集能量以备来年再生。天蝎座是固定不变的水相,也就是说,当你的天蝎座宝宝非常情绪化的时候,他也同时很固执,但这并不意味着他缺乏智慧,而且他的情商很可能把你带进死胡同哦。

天蝎座总是抓住他看到、听到、感觉到的东西,并进行加工。也许你是随口对他说"你太小了",但天蝎座会反应强烈,他会竭力向你显示,他已经有多么的"大",并做一些表明决心的事情(而在你看来这根本没有必要)。同时,天蝎座很清楚如何获得自己想要的，而非向你提出请求。天蝎座小孩有一定的占有欲，但总能做到周到细心。如果你不提高警惕、有所防备，他总会寻找各种机会智胜你。

照护天蝎座小孩的生活并不难。只要你按照通常的规则，他不会有任何抱怨。假如出现问题，没准儿和你换尿布的习惯有关。天蝎座小孩喜欢每件事尽在掌握，并需要很多的私人空间。你需要铭记一点，在育儿中尽量保持"自由放任"的态度。天蝎座小孩很早就表现出任性和顽固。你不会每次都知道如何对付他，但却总是被他取胜的方式雷到。

★天蝎座男孩

天蝎座男孩不像其他的街头顽童，作为刚加入的参赛者，他们玩得很安静。天蝎座总是需要某种"秘密"，他们爱好收藏好玩的小东西，而且不告诉别人。提醒一下，只要他收藏的不是一周以前吃海鲜剩下的虾壳，或是死了的毛毛虫，你就应该知足。要是万一发现这些东西藏在天蝎座男孩的床下，你也要千万镇定哦。

和天蝎座女孩相比，天蝎座男孩对死亡和重生的概念更加着迷。他会古怪地迷恋和食尸鬼相关的故事。而且天蝎座男孩自信地以为，他可以治疗或改变自己和他人。因此，当他被表现死亡和破坏的娱乐节目吸引的时候，他同时会产生治愈的冲动。通常，第一个跑去看灾祸现场的小男孩，一定是天蝎座的。他天生就知道，如何让那些受害者好过一些。

天蝎座男孩同时擅长解开谜团。你儿子一定喜欢玩侦探游戏，而且熟练地在房子周围潜行。为了他和你的安全，一定要让任何可能导致危险的隐患远离他哦。不要以为你已经把一切安排妥当了，一定要再想想哦。别忘了，那个天蝎座小家伙多么容易智胜你。

上学之后，天蝎座男孩具备超常的学习能力，当然也要确保他受到恰当的激励。如果他被班上学习慢的孩子拖累，最好给他一些校外体验，让他拓展思路，满足好奇心。可以帮他展开昆虫收藏计划，或带他去博物馆见识一下生物的千年演变过程。

★天蝎座女孩

天蝎座女孩看起来又安静又害羞，但事实并非如此。其实，她们拥有的勇气和韧性，比你想象的还要多。天蝎座女生会是最坚强的女主角。她们从小就是心理强大的宝宝，尽管需要很多宠爱，但是她们能够在不可思议的逆境中求生存。

天蝎座女孩喜欢倾听大人说话，尤其对言外之音更感兴趣。在她面前，你最好有意识地注意说话方式，因为她会把你所说的话在内心沉淀，并作为思想的一部分。她总是会透过话语表面寻找隐藏的意思。像天蝎座男孩一样，天蝎座女孩对死亡和再生很着迷。你的小小的、充满好奇心又固执己见的天蝎座女孩，终有一天会长大，很可能因为天生具有的才能成为一名出色的外科医生，或一位富有洞察力的心理治疗师。

天蝎座女孩在班上比一些男孩要坚强，而一些女孩也因此会有点怕她。为了避免别人说她盛气凌人，你最好掌控状况，心中有数。天蝎座女孩很少发动直接的攻击，除非她真的被激怒了，她就会想方设法复仇。因此，要和她建立开诚布公的对话机制，这样你才能了解她们班发生了什么，她的社交情况是否良好。天蝎座女孩不可能有成打的朋友，因为她需要很长时间建立起信任。但是一旦她和谁靠拢，她们的友谊可能保持一生哦。

每天给天蝎座女孩一些独处的时间吧，她需要一些隐私和一点小秘密。她们一般都会有个日记本，但是很可能一个字都不写哦。她们必须有一些秘密，那样才会觉得安全和尽在掌握。明智的话，你最好允许她保有秘密，她才不会给你大剂量的、传说中的、炼狱般的天蝎暴脾气。

★天赋和兴趣

科学

天蝎座总是在寻找答案，而且对世界如何运转充满好奇。从各种岩石和石子的名字，到一种动物或植物为什么和其他不同……你的小孩总是试图搞清楚。他认为世界像是一个巨大的拼图，总是等待有谁能拼出最后那一块，而这个人，当然非他这个天蝎座莫属。

语言

天蝎座一般会少言寡语，但是他从小就渴望学习如何表达感情。天蝎座宝宝的第一句话很可能从"我觉得……"开始，你要很珍视这个时刻哦。等天蝎座小孩长大，他会越来越不情愿告诉你，那漆黑神秘的情感世界都发生了什么。

音乐

天蝎座很容易在音乐的世界里迷失，这当然没什么不好。所有隐藏在内心的情感都需要一个健康的宣泄方式，而音乐是最佳的选择。天蝎座更可能成为小提琴手、大提琴手或巴松手，而非吉他独唱手。但是你最好先了解一下，哪种乐器最吸引你的天蝎座宝宝，然后从它开始音乐之旅。

★小小的挑战

养育天蝎座小孩并不容易。这些小家伙非常独特，他们对你的爱和关注的需求超出你的预想。当他们长大有点自我意识的时候，他们会非常敏感，可能因你一丝丝的不高兴而受挫。你必须获得天蝎座小孩的尊重，但绝对不能对他百依百顺。天蝎座小孩在多数情况下能理解规则的意义，当他违反规则时，多数是因为故意，而非忘记或冲动。

如果进行一场互相瞪视角逐，或为一个心爱的玩具僵持不下，或在公园想玩更长的时间，千万别低估天蝎座的能力。你要把他想象成一个忍者，一个起初淡定，但攻击起来又快又猛的武士。天蝎座小孩会去粉饰一个开头，假装按照你的意愿行事，然后千方百计去做他真正想做的事。这有点像青少年的把戏，但是恐怕你会在他很小的时候就看到他会用诡计。为了安全起见，保持一定程度的质疑很有必要。一个四岁的天蝎座小女生前脚刚跟你说她想去睡一会儿，没准儿后脚就会去街上或去后院游泳池边闲逛，你可要保持警觉哦。

★管教天蝎座宝宝的秘诀

在和天蝎座小孩面对面的对抗中，你真的无法获胜，因为你的天蝎座小孩不会让你赢。还有一点要明确的是，你不能反复用老套的办法对付他，因为他会逐渐适应，而使惩罚的效力越来越弱。例如，如果你的两岁宝宝非要往你的名牌新车上涂鸦，你必须弄明白他到底出了什么事，你是不是曾经答应带他去宠物动物园或科学博物馆，或许他想和奶奶一起去，或许他想在特定的时间去。这样你才能知己知彼。

天蝎座认为，事情可以有计划地取消，但是因他违反规则，你就要取消非常重要的活动，这就不能接受了。当然，如果你不希望被天蝎座小孩要得团团转，你必须坚持你的权威，不要模棱两可。作为惩罚，从天蝎座小孩的计划中取消一项他喜欢的活动，是个行之有效的方法。要记住，小天蝎非常聪明，但是如果你够强硬的话，他就会在捣蛋和复仇之前三思而行了。

★天蝎座宝宝的最爱

跟你的天蝎座宝宝一起唱的歌

《5只小鸭》（Five Little Ducks）：小天蝎出去玩时，你的应对之道如何。

《爷爷的大钟》（My Grandfather's clock）：天蝎座懂得，天下没有不散的宴席。

《肋骨》（Them Bones）：天蝎座的医疗技艺使他过早地研究解剖。

跟你的天蝎座宝宝一起看的电影

《卑微的我》（Despicable Me）：天蝎座需要了解，一个人不可能总占上风。

《怪物公司》（Monsters, Inc.）：战胜怪物之类的故事，将激发天蝎座勇敢无畏的精神。

《酷鼠大冒险》（Flushed Away）：天蝎座会对这个来自地下的故事咯咯笑半晌呢。

和你的天蝎座宝宝一起玩的游戏

七喜：一个很好的室内游戏，满足天蝎座的追根究底。

警察抓小偷：让天蝎座演练执法的权威。

捉迷藏：天蝎座的第六感会击败找他的人。

和你的天蝎座宝宝一起读的书、诗歌和童话

《地心游记》(Journey to the Center of the Earth)：天蝎座喜欢深挖掘，找财宝。

《三只瞎老鼠》(Three Blind Mice)：一个快乐韵律伴随一个悲剧结局，但是天蝎座对这个故事特着迷，反复讲。

《丑小鸭》(The Ugly Duckling)：天蝎座总是乐于揭开内在的魅力，热情拥抱这个故事。

用这些食物犒劳天蝎座宝宝吧

酸奶：益生菌非常有利于天蝎座有问题的体格。

葡萄汁：深紫色的果汁将吸引天蝎座。

牛油果：天蝎座喜欢大种子藏在内里的食物结构。

★天蝎座宝宝的着装风格

你也许会觉得奇怪,但是天蝎座宝宝就是喜欢深颜色,而非一般宝宝通常喜欢的色彩。想象一下,你的天蝎座宝宝穿上黑色的纸尿片,搭配黑色的宝宝帽,那感觉一定很奇怪,但是如果他自己可以决定穿什么的话,他多半会这么打扮自己。

女孩:她也会喜欢小女孩都喜欢的桃红紫,但不太执着。她喜欢天鹅绒和带蕾丝的服饰。

男孩:他每次都会选黑色,而且会选择黑衣运动队作为心仪的对象,其实这仅仅因为他们穿黑色运动服哦。

★天蝎座宝宝的环境

很多孩子会设法引起你的关注,但是天蝎座小孩恰恰相反。你给他独处的空间,允许他有隐私,他才会真的感到高兴。天蝎座喜欢在安静、幽暗的地方,因此要给他准备一个多功能的窗帘，其中一个功用就是可以让他依偎。对于小天蝎来说，独处时间非常必要，这有利于他们的心灵成长和创意发展。

★安抚感受力强的天蝎座宝宝

天蝎座宝宝感受力很强，哭起来很凶。即便你知道他哭只是因为饿了，或该换尿片了，小家伙的哭声听起来还是让人心慌意乱。有时候，天蝎座的消化系统会紊乱，小便也会出问题，因为这是他们的薄弱环节。如果小家伙经过很久还是不能安静下来，那你还是研究一下吧。天蝎座不会用哭来引起关注。如果没有其他问题，那么很可能是情感的伤痛需要康复。紧紧抱着他，直到他确信，你会一直全心爱着他。

★如何激励天蝎座宝宝

天蝎座喜欢参与超出自己年龄范围的游戏，玩大孩子的玩具。可以通过几点鼓励他：

- 玩具屋或活动组：当天蝎座创造了人物形象、编出故事情节时，我们要注视聆听。

- 攻击沙袋：你可以把这件东西放到天蝎座隐私的区域，供他宣泄心里郁结的受挫感。

- 乐器：即便他当不了像马友友那样的大提琴家，弹奏乐器也会有益他的身心健康。

★天蝎座宝宝的学习方式

天蝎座吸收信息的速度惊人。当他对某件事好奇时，一定是被大量的信息来源所吸引，他会追根究底地找答案。在学校里，你要让他了解，老师没法满足他那些烦人的要求。对于学术问题，请尽量和他保持轻松活跃的对话。如果他没有被激励起来，学习就会误入歧途。

12星座父母 VS. 天蝎宝贝

作为爸爸妈妈,如果你的星座是……

白羊座

白羊座认为自己很强势、很有竞争力,但是这回你遇到了有力的对手——你的天蝎座宝宝。看似可爱又温柔的宝宝,将会给你带来意想不到的挑战。他几乎控制了所有情感领域,甚至有时搞不清楚那情感是什么。你必须很努力才能搞清楚他为什么哭。而你雷厉风行的行为方式,很可能吓着这个年幼敏感的小家伙。

如果你想像"超级父母"那样快换尿片、快喂食，只会把事情搞砸。毫无疑问，你必须和天蝎座宝宝妥协，不要让小家伙感觉生活节奏太快。当你觉得无法和天蝎座宝宝交流时，找找你们的共同点：和混乱、喧嚣的行星火星的天然亲密感。你们俩一起看喜剧电影时会咯咯大笑，还可以一起玩拇指大战或扳腕子游戏，这样一来营造了一个和谐的氛围，注意你要时不时地让他获胜哦。

金牛座

你和你的天蝎座小宝宝有很多相似之处，但你也许开始时并未注意到这一点。这个小家伙看起来很"深沉"，他总是从情感层面理解每件事的发生。当他很小的时候，就会显得过分敏感和好发牢骚。你需要做的是建立一个稳定安全的氛围，让他觉得在一个正确的地点着陆，心里感到踏实。

随后，当天蝎座小孩开始表达自己的个性时，你会发现他像你一样坚定，当然，你的亲戚朋友管那叫"固执"。比如，你也许想让他吃西兰花，但是如果他不喜欢吃，就绝无可能吃进去。但请你打起精神，因为如果有谁能说服天蝎座做某件计划外的事，那一定非你莫属。最好记住，天蝎座做事较慢，不喜欢临时变化，而习惯预先计划。这听起来很熟悉吧？当然，因为你的天蝎座小孩真的和你很相像呢。

双子座

你也许会担心，如何和你的天蝎座小孩建立联结。你很爱他，但是你更想知道怎么能和他有效地沟通。天蝎座是那种"坚强沉默"型，而你……当然不甘沉默。你们之间的区别，在开始时非常明显。因为当你喋喋不休想震慑他时，他根本不会理会。

你必须学会以不同的方式和天蝎座小孩交流。可以使用眼神接触，也可以温柔抚摸，看看他的反应。你必须记住，任何噪音在天蝎座听起来都会成倍放大。天蝎座孩子的敏感提醒你，"说出来"不一定是最好的。

当天蝎座小孩长大后，你会发现你必须对他建立强大的权威感。你可以是他的朋友，但你必须建立和保持家长的角色。否则，你会很快发现，小天蝎会让你如履薄冰，那可是不该发生的事。

巨蟹座

你的娇小的天蝎座宝宝看起来比你期待的还要讨人喜欢。这个小家伙至少和你一样敏感，这样你们相处就会容易很多，但你还是要很细心。尽管天蝎座很像你，但仍有很多特征难以一眼看穿。

天蝎座个性中有深邃和神秘的一面。因为你的脆弱，你更需要意识到这一点。你将不得不用自己的直觉体会天蝎座宝宝的哭声意味着什么。假如若干年后他从高中放学回来，因舞会拒绝邀请他而感到不安，你还是很难从表面觉察什么。天蝎座希望你猜出哪里有问题，但是他却不想让你猜对。这会使你觉得疑惑，又很受伤。

尽管你希望成为和天蝎座最亲近的人，但你无法一直获得这个特权。你的天蝎座小孩需要和你保持安全的亲子距离，所以你要保持一个可靠、安全的权威角色，而非仅仅是一个"好朋友"。

狮子座

你的天蝎座宝宝会牵着你走，因为他知道怎么迷惑你。非常正确，如果你以为他不如你聪明，你就会陷入困境。尽管沉浸在孩子对你的崇拜中令你兴奋，但是你要小心，不要误以为他很容易养育哦。你善于了解天蝎座的性情，因为你们俩都是有主见的人。但是天蝎座的固执，某种程度上比你的顽固更加难以撼动。

天蝎座希望把每件事做好，除了对你交代的事。总体来说，和天蝎座宝宝相处很快乐，但也会有挑战。你会反复被他测验，因为他想知道你是不是像你说的那样值得尊重。当然，你的正直、诚实和雄心将超过他的预期。他会信赖你，让你帮他成长为一个出色又成功的人。

处女座

天蝎座宝宝非常甜美安静，当你努力帮他安排好一个时间表时，他回应你的方式令你欣慰。的确，天蝎座喜欢规律的节奏和可预见的生活方式。同样，你们俩都视追求完美为使命。因此，你养育天蝎座宝宝会非常有乐趣，尤其是在度过高难度的育婴期之后。

话虽如此，你们的兴趣点不总是相同。当你关注卫生和清洁的时候，这个充满感性和好奇心的孩子，只会对那些吸引他的事感冒。当他蹒跚地走向你，小手里攥着一只死鸟或金鱼时，你准会被吓到。尽管你会很惊骇，但最好不要表现出来。有时，天蝎座这么做只是为了吓唬你。如果你为此乱了方寸，就会很难保持正常的亲子关系，而这对孩子的成长特别重要。

天秤座

你的小天蝎是你的财富，尽管你不一定认同，你们俩有很多相似点。天蝎座对"漂亮"不大关心，但是你们都有强烈的好奇心和对心智激励的需求。

天蝎座宝宝会给你大量心力的挑

战，但问题是，无论你多么努力地思考，还是未必能找到答案。天蝎座的感情如此脆弱，某种程度上，你要迁就一下他哦。

有时，天蝎座的情感天性对你来说是个难解之谜，但你最好顺其自然。如果要度过童年，你的孩子需要你的强势和硬道理。你的公平感和洞察事物两面性的能力，将帮助天蝎座走出极端的片面性。你可以谈论什么是"公平合理"，但是要尽可能让他知道，你和他站在一边。这是必须的。

天蝎座

当你的亲戚朋友听说你有一个天蝎座宝宝时，他们会乐翻天。但是，他们不会知道你有多快乐。终于，家里有个人和你一样能干，想方设法把能做的事都做好。在养育天蝎座宝宝的过程中，会发生很多有趣的事。如果你看到两个天蝎座在同一个地方屡次争吵，你就知道为什么有趣了。

你的天蝎座宝宝能领会到，你在接收他的情感信号。你必须有沉稳确定的情感状态，因为他会读你的感情。当你们玩谁先眨眼的游戏时，你最好带上眼药水。

你知道正确"管理"天蝎座宝宝要做的每件事——保持规律的日程，建立严格的界限，给予他发自内心的情感滋养。你将用行动告诉他，你们可以将心比心，不需要彼此伤害。这是送给你的聪颖、有悟性、可爱"小小我"的最好礼物。

射手座

你和天蝎座小宝宝的互动很有趣。如果你看看这个小婴儿，你将意识到他根本不像你。当他看起来又谨慎又害怕时，你要想开点，不要太情绪化。

你们俩是智能的巨人，但是你们收集知识的方式不同。你总是准备展开双翼去探索，而天蝎座会搜遍犄角旮旯寻求答案，他们经常成为恋家一族。尽管你和天蝎座不会在刚认识时就交流技能，但你将从他身上学到很多东西，和他向你学到的一样多。

天蝎座的心情对你来说是个问题。你的小孩有时无法理解为什么你总是这么高兴。他需要花时间才能欣赏你的想法：世界是明亮的、阳光的、充满希望的。你需要持续给他这样的信念，总有一天，他会感激你的。

摩羯座

在你看来，小天蝎座宝宝格外的安静和谦和。但这是因为，你善于洞察人，你已经了解，这个小家伙在和你的相处中想干什么。假以时日，你们将发展一种非常慈爱和相互尊重的亲子关系。但是起初进展并不顺利，你觉得难，他觉得更难。

天蝎座是个强硬派，会尽他所能

地夺取你的权威。在你安静、自然却非常坚定的方式下,你正好会给他真正需要的东西——一个强烈坚定的引导源,加上一套使他不断进取、达成目标的规则,最终到达爱和赞同的终点。

最初,天蝎座会很受挫。当他学步时,最好给他更多的支持,他就会更加努力。但有时,你必须让他达到目标,而且当你这么做了,他将会明白,你是他能找到的最棒、最慈爱的老师。

水瓶座

在你眼里,天蝎座小孩似乎是个非常可靠的小家伙,就像你臂弯里抱着一大捆爱。你当然会有种骄傲的感觉,但是也会有点忐忑。小天蝎看你的眼神,让你有些紧张不安。那眼神后面,感情之海泛起波澜。而对你来说,处理感情的思路不清,令人生畏。

当你习惯于照顾这个小家伙,你无法让自己和他契合,因为你觉得自己越来越偏离你智慧和理想的状态,而天蝎座却竭尽所能地点亮一条直通你心灵的路径。

当天蝎座教你开启情感闸门,你就必须告诉他,超越情感思考的价值。天蝎座小孩有可能变得自我为中心,但是在你的引导下,他会成长为像你一样的人,致力于为世界创造不同。

双鱼座

你和天蝎座小孩有自己的语言,你们彼此知道各自在想什么。所以,尤为重要的是,尽可能长期地保持关系平稳。尽管他欣赏你的多愁善感和心灵的亲和力,他还是会需要一个强大稳定的环境。否则他会花大量的时间建立坚实的基础。

仅有爱是不够的,你必须找到掌控的方法,你必须赢得他的尊重。尽管这并不容易,但是有望实现。你要建立起你不大情愿建立的分界线,但这很必要。每次天蝎座因此哭泣的时候,你要费点时间,从容应对。透过他自然的哭声,你能判断出事态是否紧急。可以通过冥想或祈祷,保持你和你自己的联系。你想让天蝎座被你迷住,你就要建立起边界并坚守它。这是你可以真正给予天蝎座小孩的最好的爱的模式。

千千

多愁善感、固执己见却又通情达理的
"自律女孩"

天蝎宝宝千千 + 双子妈妈陈青

母女连心，最了解女儿的莫过于妈妈了。可是，如果你家有个天蝎座小女生，你可先别这么自信哦。我有幸成为这样一位天蝎座女生的妈妈，也有幸接受这个甜蜜的挑战。

千千是 11.11 光棍节出生的，应该说是典型的天蝎座。多愁善感、固执己见、追求完美、小鬼灵精……这些特质都在她的身上一一体现。我这个双子座的妈妈，和她的 style 完全不同。在陪伴她成长的 6 年中，我们有笑颜、有泪水、有争执、有妥协，慢慢地她已经长成魅力可人的天蝎座女生，我也晋升为资深妈妈。和天蝎座小女生相处，妙趣无穷。

天蝎座女生的最显著特质之一是多愁善感，有时很情绪化。你不经意的一句话，就可能触碰她敏感的神经，让她很受伤呢。

记得一天陪千千练钢琴时,仅仅因为我指出一个小错,她就气呼呼地不练了。我当时恼火,批评了她:"不想练还找理由,对吗?"她可不示弱:"哼,我说不练,就不练了!"而后摔门而去。我们僵持不下,直到晚上睡觉前,还是谁也不理谁。

看来我只好示弱了。我靠近她的被窝,拍拍她:"千千,我们能和解吗?你原谅妈妈了吗?"她背对着我:"没有!""你猜猜,妈妈原谅你了吗?"她转过身,眼神里充满疑惑,然后摇头。"你猜错了,妈妈早就原谅你了。妈妈刚才态度也不好,其实我知道你困了,不想练,但还是勉强去了,只是没有坚持下来,是吗?"她的眼神一下子柔软下来,而后泪水盈眶,扑进我的怀里,我们紧紧地偎依在一起,冰释前嫌。我一下子也好感动,我知道我的"示弱"感动了她,她也在心里认错了。

第二天,她主动乖乖去练琴,而且练得又快又好。经过这次较量,我明白了天蝎座其实是很自律的,她不希望被批评,想主动把事做好。而在情绪失控的时候,最好的解决办法,就是暂时对她示弱,让她自己找到认错的台阶,也让她了解,你有多爱她。你的爱可以治愈她的心伤。

天蝎座的另一个特点是固执己见,想要做的事,她一定要做到。如果你想说服她，必须得学会使用她的逻辑。比如，有一次去上外语课，汽车开动前的一刻她突然想起来要带上她的"熊宝宝"——一只玩具熊。我说，别带了，咱们再不走就要迟到了。千千根本不听，还有要哭闹的苗头。我灵机一动说："刚才出门时我看见熊宝宝还在睡觉呢，如果现在叫醒它，它肯定很难受。不如让它在家里等着咱们好不好，等咱们下课了，它也睡醒了，好吗？"听到这番话，她顿时安静下来，想了想说："那好吧，就让它在家里等我吧。"哇，能顺利说服她真是难得！其实，天蝎座小孩是很通情达理的。只不过这个"理"不是大人们通常所说的道理，而是孩子心里自己的一套逻辑。后来，我慢慢学会理解千千的思维方式，按照她的逻辑说服她。我发现，她其实是个特别懂道理的孩子。

最想说的是，当妈妈的感觉真好，当天蝎座小女生的资深妈妈，感觉更是无与伦比。因为和她相处的时光，总是伴随着新鲜、乐趣、爱的温馨，当然还有一些小磕绊。

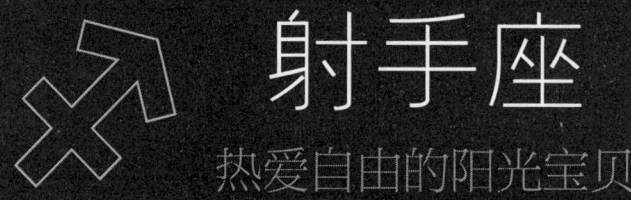

射手座

热爱自由的阳光宝贝

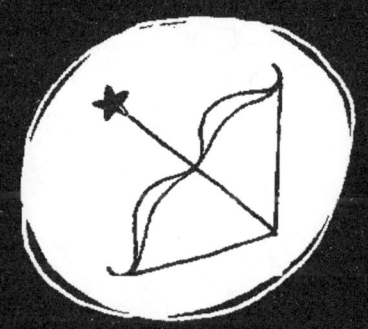

出生日期：11 月 22 日 – 12 月 20 日

守 护 星：木星——明亮阳光的一面

旺　　星：木星的光芒足以满足射手座的所有需要，无需其他

幸 运 色：蓝色、碧绿色

幸 运 石：绿松石、孔雀石

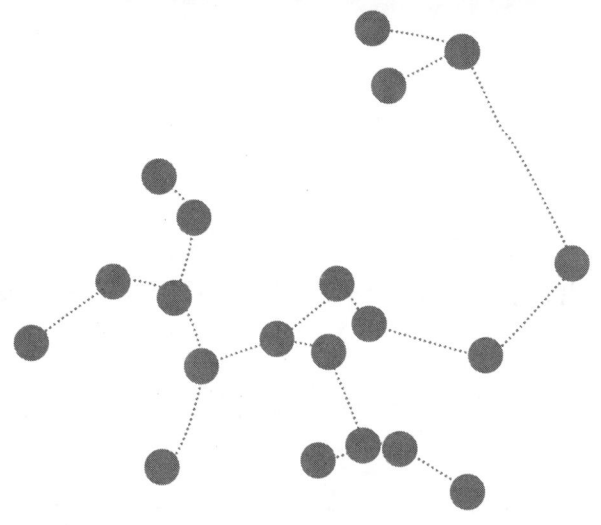

射手座生于冬季,这或许是这小孩整天乐呵呵的原因吧!射手座是火相星座,但这不是普通的火,而是经过高度精炼的像电一样的火;他们也具有易变性,所以能自由穿梭于各个地方。事实上,射手们最讨厌坐着不动了。

你可能早已注意到这些,因为射手座宝宝们经常拍打或左右摇动胳膊来释放精力。宝宝的个性很可爱,就像一个小哈巴狗,不晓得应该如何表现,只能凭借爱与感性的本能冲动。虽然宝宝不总是举止优雅,但常常会在陌生的环境或令人尴尬的处境中展现他的充沛活力与愉悦心态。

不要让射手们的顽皮掩饰了他的聪明。他对知识的渴求比到处乱跑要强烈得多。当他长大后,哪里有最新的信息,哪怕再遥远,只要有必要,他也会去看一看。

射手座孩子是个探险家,所以你必须早早为宝宝的安全着想,要把很多东西放好。他们精力旺盛,所以你必须把楼梯锁住,把电插座孔给塞上。

★射手座男孩

射手座男孩身上散发着攻击性,他体格强健,父母可以引导他早些接触运动项目。这个小家伙会找任何借口像闪电一样奔跑,他可能在足球或篮球运动上很有天赋。他也可尝试目标类运动,如弓箭、射击甚至高尔夫。

你可能会经常接到保姆的电话,说孩子又制造了什么小事故。射手座男生会花很多时间奔跑以释放精力。如果满足不了这些,他会注意力不集中,做事漫不经心。因此,要保证他每天有足够的时间出去溜达或跑跑。

射手座男生热爱探险,喜欢玩超级英雄、海盗和与冒险家相关的游戏。虽然他比其他星座的男生更有善意,但也会对动作和暴力的娱乐项目感兴趣。好在他骨子里有种英雄主义情结和强烈的正义感,当看到正义被忽视时,就会为此辩护。不用担心,正义感使他有一天可能成为律师、法官或政治家。但作为孩子,他需要引导,需要明白什么时候要各人自扫门前雪,莫管他人瓦上霜。

他对世界各地的文化非常着迷，一有机会就会去研究。他从另一个世界收获的可能远远超过想象，诸如某些民族的习惯、古老部落的传统。获取知识并融会贯通，为世界带来正义，正是你射手座儿子个性的本质。从他一出生，你就要开始储蓄，因为培养他的教育费用可能会让父母难以承受。幸运的是，他的运动天赋可以赢得运动项目的奖金，好来充抵一下。

★射手座女孩

射手座女孩坚强、善良、可爱，也充满爱，射手座的女儿可能是你生命中的一缕阳光。即使今天你心情不好，但射手座宝宝有她们的法子，早上醒来给你一个暖暖的微笑和大大的拥抱，让你每天乐陶陶。

虽然不像射手座男孩那样野性、不好管教，但你的射手座女儿同样需要体育锻炼。或许你考虑把她培养成一个首席女演员，但你女儿在篮球和曲棍球项目上可能表现得更出色。这不是说她没女人味，而是说，和需要优美姿态以及身体协调性灵敏性的运动项目相比，她更适合那些依托运动技能的大型运动项目。射手座都倾向于有半人马的大腿，所以你女儿拥有两条强壮的长腿也说不定。她会是个优秀的跑步运动员，所以你第一次带她去操场时，如果发现自己身材变了形，不妨跟她一起健身。

在学校里，你的小姑娘很阳光，她会对所有科目感兴趣，也很听老师的话，她知道，只有在学校好好表现，才有机会不断攀登知识的殿堂。

你的小姑娘可能不喜欢玩洋娃娃之类的玩具，也不喜欢和男生们一起玩过家家游戏，更不想赢他们。她的天真无邪实在是太讨人喜欢了，但正是这份纯真，她才觉得有必要不断探究生活的本质。在幼年第一次邂逅男生时，她可能发现自己会不知所措哦。她的求知欲很强，你会从她身上明白这个道理。尽管你认为她年纪还太小，但也要确保她获得足够的知识。一旦她知道自己适合什么，就会义无反顾奔向那里。她思维敏捷，心胸宽广，拥有快快乐乐的童年，未来说不定还能成为大学教授、法官或者律师，你需要做的就是鼓励她学习、学习、再学习。

★天赋和兴趣

跑步

小射手们拥有强壮的双腿，跑起来像闪电一样。多让他实践、训练，在这个过程中，孩子不仅能学会正确的跑步方法，这项业余项目也可能让他成为耀眼的国际明星哦。

语言

射手座们很喜欢玩，因此，当你教他生词时，最好做些游戏去吸引他。他很有幽默感，会对那些听起来很有趣的单词产生兴趣，当看到小射手模仿你俩时，你们会禁不住放声大笑。

喜剧

射手座们有传说中的幽默感，他的聪慧要求你的脑子要不停地转。这小孩会开那些你想都想不到的玩笑。父母说什么可要注意啦，射手座宝宝可是喜欢听到什么学什么。

★小小的挑战

多数时候，射手座宝宝是个开心果，但若有什么事激怒他，他会把东西扔得到处都是，这时你可能要尝试着让宝宝把东西有条理地整理一下，但估计你这个方法不怎么奏效。射手座们脑子转得比身体要快，对于多数射手座宝宝来说，把各种各样成堆的废旧物品放在房子中间就是收纳归档。你怎么能期待一个孩子把东西收拾得整齐有序呢？更何况他一直忙着很多冒险活动呐！

你或许认为你家宝宝拿不到那个对儿童安全的鸭嘴杯，更不会把它丢到地上，但纯属偶然之间，他确实这么干了。房间里四处散落的衣物放在不该放的地方，你家宝宝甚至会被绊倒，但他似乎忽略了房间里有个能放衣物的篮子。

你有了射手座宝宝，才知道上述各种小毛病有多麻烦。当你发现价格不菲的运动设备和电子器材躺在浴室地板上时，你肯定又气又急，甚至大发雷霆。尽管射手座们很少生气，但看到你这样，也会很凶地反击。

★管教射手座宝宝的秘诀

要让射手座们懂规矩，你必须教导他什么是可接受的，什么是不能做的。这就需要你将孩子基因中最优雅文明的特质发掘出来，而同时又不扼杀他的天性。

射手座们很聪明，经过后天的培养，他们肯定能变得更加细心。如果他们离你太远，你必须予以管束，以防他们自由漫步迷失得太远。如果射手座们把卧室搞得满地狼藉，你要从教育孩子的角度，去清理扔到地上的东西，通过奖励或做差事的方式鼓励孩子把扔的东西放回去。这是一个过程，你要教他，总有一天他会学进去的。

★射手座宝宝的最爱

跟你的射手座宝宝一起唱的歌

《东边,西边》(East Side, West Side):马不停蹄,环游城市。

《牧场上的家》(Home on the Range):户外生活的颂歌。

《展翅高飞》(Up, Up and Away):射手座们内心向往的梦幻之地。

跟你的射手座宝宝一起看的电影

《海底总动员》(Finding Nemo):射手座们冒险之旅的美好范本,暗含着希望得到超乎预料的保护。

《马达加斯加》(Madagascar):动物们渴望自由遨游的故事将吸引他们。

《飞屋环游记》(Up):周游世界、收获情感的视觉冒险深受射手座们喜爱。

和你的射手座宝宝一起玩的游戏

躲球游戏:射手座们足够灵敏以躲避攻击。

踢球:能让射手座们跑动起来。

给驴贴尾巴:把尾巴贴在动物身上,这能激发孩子内在的野性。

和你的射手座宝宝一起读的书、诗歌和童话

《野兽家园》(Where the Wild Things Are):这本书会让射手座们入迷,直到三十岁甚至更长时间。

《鹅妈妈童谣》(Three Children Sliding):射手座们习惯左思右想可能发生什么。

《奇幻森林历险记》(Hansel and Gretel):教会射手座们要做记号以便找到回家的路。

用这些食物犒劳射手座宝宝吧

火鸡:射手座们会爱上它的浓郁香味。

石榴汁:鲜润而醇厚。

番茄酱:射手座们喜欢异族文化的香辣口味。

★射手座宝宝的着装风格

记得给射手座宝宝们穿易洗的衣服,他从来不去想是否会把衣服弄脏,但结果衣服总是被弄脏了。顺便说一下,他不是故意为之,仅仅是让你给他穿经得起捶打和搓洗的衣服而已。

女孩:射手座女孩的品味很新潮,虽然她不是很有女人味,但她会把运动装、礼服与女裙一起混搭。你的宝宝不管到哪里,都喜欢穿运动鞋。

男孩:如果能找到耐穿的衣物,那就给他穿上。漏双膝的短裤和防污 T 恤也不为过。他喜欢亮色系,酷爱卡其色短裤和带几个口袋的背心,这身行头最适合探险了。

★射手座宝宝的环境

小射手座们会带着谢意与微笑接受一切,周围的噪声和凌乱对他丝毫没有影响。他需要大点儿的居住空间,可以放一个豆袋椅或其他家具,让他躺在里面,时而还能在走廊上快速疾跑。

★安抚乐呵呵的射手座宝宝

射手座宝宝大多时候都是乐呵呵的，但也有不爽的时候，也像其他孩子一样会哭。有趣的是，哄他不哭的方法竟是多让他活动。当你摆弄他的胳膊大腿，逗他玩，或者把他放在婴儿推车里兜风，你可能发现这个不眠的宝宝不知什么时候溜开了。稍后，你可以换个主题，让小射手安静下来。如果因为餐厅没有鸡爪，宝宝不快，那你可以让他尝尝美味的西葫芦棒蘸比萨酱。新鲜事物会让他忘记一切的。

★如何激励射手座宝宝

你或许不认为射手座宝宝需要刺激，但事实上，你越刺激他，他越开心。试试下面这些玩具吧：

- **玩具喇叭**：射手座们喜欢制造噪音，他真的喜欢干这事。当宝宝嘶声裂肺地吹喇叭时，你可能被吵得想离开房间，希望守护圣人能来帮帮你。

- **球类**：从第一个毛绒绒的球到真正的足球或棒球，他喜欢扔球、接球和追着球跑。
- **靶子类玩具**：一开始，可以尝试扔豆袋椅，但一定要让他玩那些他能驾驭的靶子游戏。到了适当年龄，让他试试飞镖、弓箭和射击游戏。

★射手座宝宝的学习方式

射手座孩子是一个求知若渴的学习者，对能接触到的所有信息都不放过。在学校里，他不一定是老师的宠儿，那不是因为他不守纪律，而更可能因为他有无穷无尽的问题。为这个充满好奇心的宝宝多多提供户外学习探索的机会吧，以启迪心智。

12 星座父母 VS. 射手宝贝

作为爸爸妈妈,如果你的星座是……

白羊座

你和射手座宝宝将是亲子星座的最佳配对。你们都非常积极主动、有活力,因此很容易满足射手座宝宝对活动和刺激的需要。但要注意不能忽视孩子智力的开发。或许你对北极圈鸟类的生活习性不感兴趣,但是射手座宝宝会。

注意,不要让小射手们成为你新的最好的朋友。虽然你们一起做事会发生争执,尤其做

户外活动，但你必须让他自己开辟道路，他比你更需要独立。当你在为继续前进寻找出路时，他会很淡定地在外四处观望以探究竟。

给孩子鼓励和自信，让他去探索和享受生活。不要毫无道理地命令孩子应该向何处发展，或者应该做什么。要对孩子的自主发现抱以包容之心，他会带给你许多惊喜的。

金牛座

抱着这个快乐活泼的宝宝，你的感觉远不止怀里的这一小团。他的世界观和你很不同。你更愿意待在你能驾驭的环境里，以便保护他，但射手座宝宝却想出去走走，领略外面的大世界。这意味着，你既要顺着并引导孩子，同时又不能总是命令他做什么。

要注意这个过度活泼的孩子。他强烈的好奇心会让他麻烦不断，所以室内的儿童防护措施上不能马虎。当他开始参加竞技比赛时，在运动器材上不要节省。你肯定希望孩子不要受伤，希望他不要去冒险。事实上，你或许低估了他的精力，因为你想象不到那怎么可能。

即使这样，你仍会享受抚养这个小家伙成长的过程，看到他在校级或更高级别的比赛项目上获奖，你会面露喜色，会不断为他喝彩，他取得的任何成就都让你为之感到自豪。

双子座

你和射手座宝宝似乎没有什么共同点,但事实是有的,你本性中需要自由的一面对你自己和孩子都同样重要。这是好事,因为你会坦然面对你不能陪伴孩子度过他每个经历的事实。当你把宝宝丢给保姆或寄在学校里时,他也不会黏你或抱怨。

消极的方面上,你可能不太想要孩子和你太亲近或者听从你的观察与思考。虽然射手座们会对你感兴趣,但他对另一个世界正在发生什么看得更重。对你的孩子来说,遥远的文化比本土的八卦更有吸引力。你们在一起会相处非常愉快,若你能接受并参与到他的活动圈中去,就更好了。有许多东西你要教他,如果你能重视他提出的疑问,并能透彻坦诚地回答,他会听得更专心。

巨蟹座

这个活泼的宝宝在你怀里乱动,是对你强大的照看孩子技巧的考验,但你能应付得了!射手座的人很特别,他不断检验边界在哪里,以确保他的存在感。宝宝精力旺盛,总想获得新发现。这个过程中,你能感受到抚育宝宝成长的幸福,你也需要教导他如何保持安静与礼貌。

你若想培养宝宝专注和倾听的能力,可以给他讲探险和战争的故事。支持他多参加锻炼。他的急速行走会把你甩到后面,但你可以找安全的地方让他在附近跑跑。当还是婴儿的时候,就可以让他多锻炼了。亲子练习课是一个不错的开端。

虽然他不喜欢被娇惯、被束缚,但当膝盖擦破皮、脚踝扭伤时,也想要你陪在身边照顾他,给一个亲吻,会让伤口不再那么疼。

狮子座

你爱他,享受和宝宝度过的每一分钟。他带给你很多开心,你们一起开怀大笑。多数时候,宝宝会听从你,按照你的期望表现。你身上透着权威气息,这让宝宝与生俱来尊敬你。你和他一样对生活充满热情,这会让亲子关系从一开始就相处得很好。

当你的小家伙参加训练时,你也要举重。除了告诉他哪些东西儿童不能碰,还要教他不能一味贪玩,要有对家庭、朋友和社会的责任感。你在培养、激发宝宝优秀特质方面的能力,会让他成为一个有趣、聪慧并且负责任的公民。你会为他感到骄傲,他也会永远感激你,因为有你的教导,他旺盛的精力才没有被浪费在轻浮和愚蠢之事上。

处女座

从一开始,你就会被这个活泼的小家伙迷住。他无穷无尽的精力让你惊叹不已,但是你也容易困惑,为什么这个家伙不知道往哪里使他的能量呢？当然，在这方面你要帮助他，他会很高兴有你这样的父母。尽管宝宝会抵制你的管教，但你的组织能力和渴求对他成长有用的做法，会让他不得不听。

射手座宝宝喜欢取悦他人，这点和你很像。这在他忙前忙后做家务，如整理东西之类上，展现得并不明显。在其他方面，他会努力讨你喜欢。不要责备他邋遢或粗心大意，而去教他放慢脚步，学会整齐有序。你要接受宝宝对你的影响，那会让你对自己的习惯不那么严格。这样的话，你们能学着在一起度过一段妙不可言的时光。

天秤座

从你第一眼落到他身上，你怀里的这个宝宝就抓住了你的心。他粗犷的笑声让你很难想象积极快乐之外他还会怎样。你要关照他的需求，包括他开始滚爬、蹒跚学步时，和他追赶嬉戏。他的思想很容易理解，但在体育锻炼方面，你们的习惯不同。你需要很大动力才能起身锻炼，但射手座们却受不了安静坐着。

当孩子小的时候，他会让你很疲惫。尤其是还不会说话时，他就想要做很多趣事，甚至要你成为他的捉弄对象。当给他讲述耐人寻味的、和他思维敏捷度相当的故事时，不要由着他想做啥就做啥，这时你可以温和但坚定地教他什么是做事的边界，以及限度意味着什么。

天蝎座

抱着宝宝会让你有种别样的幸福之感。这小孩充满希望，是乐观主义者，不管你遇到多么让人沮丧的事，他都会让你振作起来。然而，生活中有很多让人悲伤忧愁之事，他需要学会面对艰难坎坷。

随着孩子年龄的增长，你敏锐的感知是他的一大财富。虽然在这方面他似乎并不理解你，但你总是知道什么时候孩子需要额外的关注、支持，或仅仅一个拥抱。虽然他不是感性思维，但也非常可爱。这个小淘气会像小狗一样，爬到你的脸颊上，你认为他会给你一个亲吻，他却呵痒你直到你俩都哈哈大笑。

给宝宝创造困难挫折，让他自己克服，因为他的大脑像身体一样需要历练，以充分开发他的潜能。像往常一样，在这点上，你的情商会告诉你具体要做什么。

射手座

祝贺你生了一个和你一样星座的宝宝！很幸运，你的另一半和很多亲戚，看到你们一起沿街漫步时左顾右盼的好奇心与幸福神态，他们会捧腹而笑。你们一起分享对生活的热情，相互影响会让你们对生活更有激情。有时，可能很难让宝宝安静下来。正如你所知，当你无法让他休息时，可能因为他还不够疲惫，这时你可以带他出去玩玩，以让他精疲力竭。

你必须避免总是冲动行事，要让宝宝明白一板一眼、有规律的生活很重要。当你和宝宝一直想玩，你不得不偶尔停下来，让他体会纪律与努力工作的重要性。如果你能这么做，你的宝宝将具备通向成功的巨大优势。

摩羯座

从你第一次抱起他的那刻开始，你就很享受照料这个宝宝的过程。这个精力旺盛的小淘气让你很兴奋，这不仅因为他的热情洋溢，也因为你知道你不得不承受这一有趣的挑战。你的宝宝会到处乱逛。有时，在事先没有任何了解的情况下就冲向危险路段。扮演好师长、监管者和爱他的父母的角色，告诉他应如何表现。

他不会去想自己某些举动的长远后果，所以会遇到一些麻烦，这是你该干涉的时候了。不要责备他，但要告诉他如果能更小心，情况会更好。给孩子创造更多自主学习的自由空间。你的一贯坚持和超然态度将有助于他的成长，但也要让他表现对你的爱。你肯定会获得他的尊重，宝宝会以他的方式表达对你的感激与爱。

水瓶座

你和射手座宝宝会一拍即合。这个小家伙对生活有种天真的信仰，他总是面带微笑，整天乐呵呵。射手座孩子可能是为数不多的一群午睡醒来会咕咕叫但不会哭闹的，这点你很喜欢。你和孩子都关注外在世界，这点很合你意。但你了解他人是出于功利和社交，射手座们对其他文化的兴趣更多出于获取知识和相互理解。

智力开发很重要，从一开始就可以将你的知识传授给他。不要让孩子对各种玩具、故事或者课外活动漫无目的地浅尝辄止。让射手座孩子知道自己行为的后果，譬如从你身边跑开，把玩具或鞋子丢在地上挡住他人去路。小射手有社会意识，但你要帮助他进一步改进，使他具有全球性意识。宝宝长大后，会永远感激你。

双鱼座

射手座从呱呱坠地起就是幸福快乐的，你们俩都对生活充满热情。虽然射手座们体力更旺盛，对生活更有想法，但让他接受你的世界观还是可能的。在他还小的时候就要教他要有生活目标。不管他是否有宗教信仰，至少要给他设定目标，这是他真正需要的。

你或许需要他人帮助，这会让你们的亲子关系有组织、纪律。虽然你和孩子能适应任何环境，但让孩子学会如何融入社会很重要。由于这个小淘气想理解治理社会的规则与道德准则，所以从一开始他必须学会服从。专注于你能做什么会对这个过程有帮助，你的孩子会有一个精彩的开始。

射手宝宝嘉嘉 + 天蝎妈妈浮云散

我的小孩是 12 月 14 日出生的射手座宝宝,有着一张明亮笑容的可爱小脸,笑起来眼睛就弯成了小月牙。她聪明、活泼、喜欢音乐,有很好的节奏感,喜欢明亮的颜色。记得刚刚会坐的时候每每听到儿歌都会有节奏地挥舞着胖胖的小手。她两岁半的时候有一次我们去来福士广场,当她看到一整面墙的液晶屏上显示的那片阳光下蔚蓝的大海时,手指着闪闪发光的海面大声说:"妈妈,那是什么,真是太漂亮了!"

她是个行动派,还没学会走路的时候就满房间到处爬,一天到晚有释放不完的精力,总是闲不下来。每次带她到楼下和小朋友玩耍,她总是不停地来回奔跑和绕圈,开心地呼喊;或者骑着她的小猫自行车,悠闲自得地边骑边摇头晃脑。

她会经常用她的幽默去哄我开心，比如她会把她的双手放在自己的脸上、头上、耳朵上、眼睛上、鼻子上、嘴巴里等等她能想到的地方做着不同的动作，然后咧着嘴问你："这样好不好？那这样好不好？好不好？哈哈哈……"自己笑弯了腰，蜷成一团。

她喜欢自由，不喜欢被约束，经常说的就是"这个我自己来"。她的动手能力很强，一岁多自己吃饭，两岁多一点儿就会用剪刀，现在马上三岁了，喜欢自己洗手帕，像模像样地搓搓，再用力把手帕拧干，最后要认真地把手帕铺平整晾在衣架上。她很有自己的想法，哪怕这个想法你看起来是那么的可笑和不可思议，比如玩儿沙画，她不会按照图片提示的颜色去涂鸦，她会把喜羊羊的脸都涂成蓝色，说那是男孩子的颜色。她也是个敏感且感情细腻的宝宝。她会在我不开心的时候把小脑袋趴在我的肩膀上，搂着我的脖子亲亲我的脸。当她发脾气的时候，要尽量跟她讲道理，如果这个时候呵斥她，她会变本加厉地哭闹，有时候你被她气得半死，她却当那是浮云，根本不理。她喜欢拥抱，哄睡觉的时候一定要妈妈搂紧紧。

我的射手座宝宝就像冬天里的一把火，温暖了我的心窝，她释放着自己的活力，让我跟她一起自由翱翔。

 # 摩羯座
充满行动力的孩子

出生日期：12月21日 – 1月20日

守 护 星：土星——秩序井然、但不至于过度的一面

旺　　星：火星

幸 运 色：鼠灰色、墨灰色

幸 运 石：石榴石、烟水晶

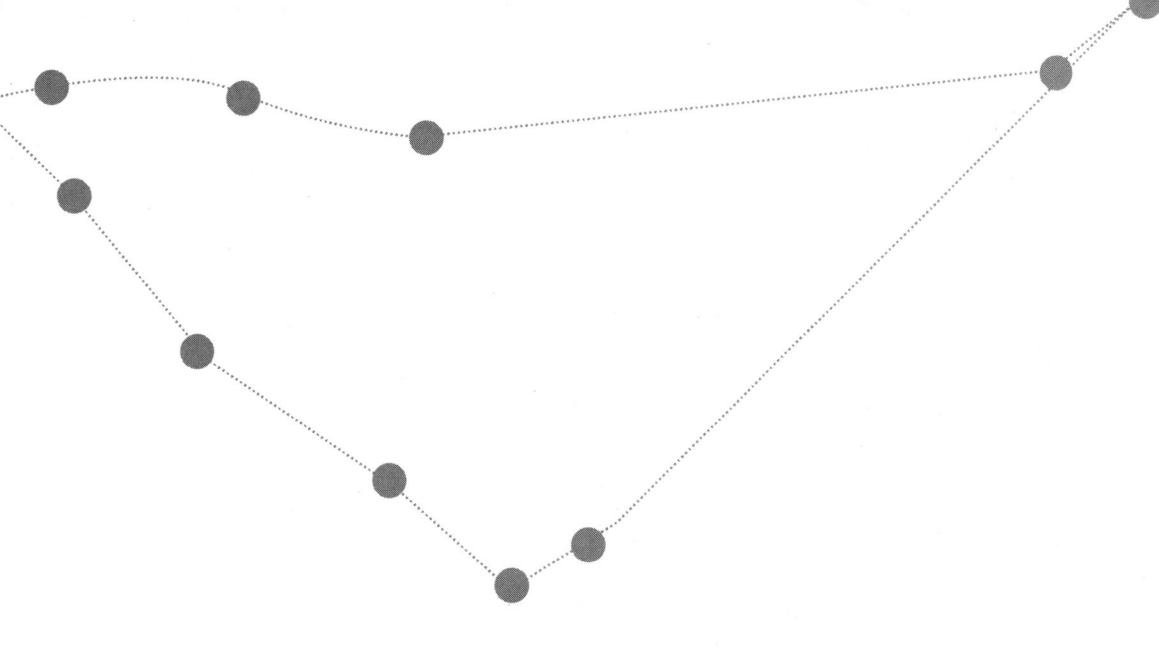

这是一个安静而看起来有些严肃的孩子。他出生在地球潜能最大的冬季，冬季虽然黑暗又漫长，但在这个季节，人最有收获，也最务实，因为在这个季节，人唯有努力工作，才能战胜严酷的环境。摩羯座属于土相星座、本位宫，他会很实际，但同时也非常有野心。摩羯座的符号是山羊，一个坚强而又稳重的旅人形象，能上高山，也能驾驭大海，能从最低谷跃升到最高峰，上天入地。人的潜能就是这样起起伏伏，摩羯座因为深刻理解这一点，所以会是杰出的管理人或执行者。

你很快就会发现，你的摩羯座宝贝似乎会做远远超过他年龄水平的事情。这是他优胜意识的体现，不要误以为是他傲慢或自大。你会发现，摩羯座的孩子就是迫不及待想长大，所以在养育这样一个孩子的过程中，太幼稚的哄啊逗啊的，恐怕不太合适。

摩羯座是建设者，喜欢把自己的想法和愿望实现为实实在在的物，对于"玩耍"，他可没工夫。他所做的事，大多偏向工作，好像他们身负使命，要为将来闯荡世界储备技能一般！不过，你的小摩羯也有很好玩的一面。要培养这一面，你可以从他一本正经的幽默入手，用一些小玩笑或什么的。虽然把孩子当大人看待是不对的，但是小摩羯看上去俨然就是个小大人儿。要尽量尊重他的自我感觉，不要强加给他一些太幼稚的东西。

★摩羯座男孩

摩羯座男孩是小硬汉，不过往往不明显表露出来。他身体强壮，但却不愿在这方面表现自己。他与同龄人的交往方式也很有意思，往往自己坐在一边，看别人玩得热闹，只有看到这场游戏切实有用时，他才会加入。可能别的男孩子建的堡垒塌了，但他的却还屹立不倒，而且还是单凭自己一人之力建造起来的。然后，他就能安全地待在自己的堡垒后面，"轰炸"其他小朋友了。

摩羯座是杰出的领袖，而且他的同伴们会很快认识到这一点。他善于看到每一个人的才干，很富有团结不同人群的精神，所以，一个团队中，不论人的能力强弱，他都能跟对方相处融洽，而且能对各自相应的能力和贡献给予同等的尊重。

在家里，尤其是小时候，摩羯座的男孩儿会向你寻求安慰。但是他不喜欢太亲昵，所以，那些太身体性的表达爱意的方法，你最好还是省省吧。这并非他要冒犯你。你可以试着给孩子一些空间。如果要表达你的爱，你大可以通过帮助他学习一些技能，他将来闯荡世界时也许就能用到它们。

最重要的是，你必须赢得摩羯座的尊重。人人都有犯傻的时候，但是如果你有一个摩羯座的儿子，他一定指望你是一个稳重、清醒、理智的人，这样，在他遇到风浪的时候，他才能依靠你，把你视为安全的港湾。

在某些方面，你的摩羯座男孩面对世界，会摆出一副指点江山的姿态，这在他工作和受教育过程中都会体现出来。在求学环境中，他需要强有力的权威人物的指导，实验式的教学方法在他身上效果不好。摩羯座可能小小年纪就想承担责任，所以大方地给他指派任务，做好了就给他一些奖励。不要无缘无故给他钱。常常地给他一些挑战，扩展他的能力，这样才能帮助他成长为他想成为的强有力的管理者。

★摩羯座女孩

摩羯座女孩可能看上去很沉静，没有大多数小女孩那种娇态。你本以为她会对公主终于得到王子的故事大感兴奋，结果她却一副半信半疑的神情。这是她性格中严肃、实际的一面，不必就此认为，这个小女孩有哪里不对劲儿。她只是比较实际，对童话故事那一套不大买账而已。

看上去，这个摩羯座的小女孩就像一个成年女人困在一个小孩儿身体里一样。很小的时候，她似乎就会比别的孩子严肃，不喜欢玩幼稚的游戏。她的幽默感很冷，而且无比敏锐！她的智力会比一般孩子都要高，会有十万个为什么等着你，而且期待你能给出直截了当的答案。

在家里，你需要给她安排一些目的性强的事情做，比如女侦察员这样的游戏或者音乐课，都可能引起她的兴趣。如果学跳舞，她会很认真对待。让她选择她喜欢的事情做，但是要提供一些严肃的并且有团体倾向的活动，最好还能锻炼她的创造性。

摩羯座女孩会成为她所在团体的主导，你会很早就瞄出这种端倪。她所在团体的成员也会认识到她的管理能力，并期待她提出有大格局的观点来指导大家做事。在学校，她大部分时间都是一个能自我鞭策的人，如果希望她能好好发展，必须有一个强有力的、值得尊敬的权威人物。养育摩羯座女孩的诀窍在于，要适时给她一些适当的障碍。就像她的星座符号山羊所表明的，摩羯座女孩会努力攀登高峰，同时不忘根基，尤其是，不忘时时给她爱与支持的家人。

★天赋和兴趣

建造

摩羯座的孩子特别喜欢看到自己的想法成为现实。即便不给他积木或拼图，他也能找到随手可用的东西，造出各种结构，来满足那些一闪而过的想法。如果舍不得用瓶子、罐子、盘盘碟碟甚至鞋子，那你就得去给他买积木玩具了！

语言

摩羯座很小的时候就急切地想长大，做个"成年人"，所以开始学说话也很早。而且，摩羯座学说话可能不会像一般小孩那样首先经历呀呀学语的单字阶段。他会努力模仿你，非常努力去解开你话语中的密码，以便能找到开启说、读、写能力的钥匙。

经商

绝不要低估摩羯座在这方面的兴趣和能力！即便还是小孩的时候，这个小山羊就会"做买卖"了。如果是摆个汽水摊或者卖一下自己用旧的玩具，这些都没关系。不过要是开软件公司的话，还是让他高中毕业后再说吧。

★小小的挑战

相对来说,摩羯座是比较好相处的。但是就像所有孩子一样,有的时候,你必须让他明白谁是"老板"。摩羯座有那种喜欢时时处处当主导的性格,所以如果他试图挑战你的权威,你也不要感到大惊小怪。比如,你可能觉得该午睡了,可是你的小摩羯却认定自己不需要睡觉,或者穿衣服、洗澡,诸如此类。如果你对这些无理要求让步了,很快你就会发现他得寸进尺。你总不想每天晚饭都是意大利面或炸鸡串吧?

摩羯座的专断在他交朋友的事情上也会体现出来。他往往会充当"决策者"。小孩子一起玩,虽然不需要你凡事都去过问,但是你还是要监督好你的小摩羯,别弄得好像其他小朋友都是被他支配似的。所以,适当让他跟大一点的孩子玩,可以是亲戚或邻居的孩子,好让他明白,他并不总是人群中最聪明、最强壮、说话最有分量的人。

★管教摩羯座宝宝的秘诀

摩羯座需要学习，生活中处处都存在等级秩序，而在他的世界当中，你就是他的顶头上司。有些事不适合他做，有些地方不适合他去，那就要明令禁止，不管他对此有多恼怒，你都应该坚持自己的管教，而不是给予同情。

为了确保你在家里的主导权威，管教也得有创意。如果你的小摩羯对朋友不礼貌，或者顶撞你，要让他明白，每个人都有需要学习的东西。他可能始终不服气，那么你就坚持，他得证明自己有能力完成那些简单的或者他认为低于自己能力的事情。然后，你才可以接受他的道歉，彻底原谅他。对于摩羯座来说，谦逊也许是最重要也最难学习的美德。适时"给予沉重打击"是让他懂得这个道理的最好方式。

对于自己早熟的个性，摩羯座其实并不那么自信。一方面，他坚信同龄人不如自己。但是，自己跟别人都不一样，这一点又让他有一些妒忌。摩羯座所表现的难以融入他人，其根源在于，他认为别人都不可信任。要他认识到合作的重要性，做父母的可以给他创造一些团体活动的机会。对优秀表现给予奖励的办法很有用，比如侦察员游戏、武术，哪怕他一开始不愿参加也没有关系。

★摩羯座宝宝的最爱

跟你的摩羯座宝宝一起唱的歌

《这位老先生》(This Old Man)：摩羯座喜欢年长、智慧的形象。

《老麦有块地》(Old McDonald)：这个小朋友喜欢考察谁拥有什么。

《五只小猴子》(Five Little Monkeys)：听了这首歌，你就知道为什么摩羯座不是个幼稚小儿。

跟你的摩羯座宝宝一起看的电影

《绿野仙踪》(The Wizard of Oz)：如果能成为那个幕后神秘人物，小摩羯也是可以不计代价的。

《查理·布朗》(A Boy Named Charlie Brown)：里边的冷幽默是摩羯座喜欢的，许多越挫越勇的故事会教给他面对现实的能力。

《小鬼当家》(Baby's Day Out)：摩羯座坚信，即便没有大人的监护，他也能战胜绑匪的诡计。

和你的摩羯座宝宝一起玩的游戏

攻城游戏：可以提早训练如何招收胜任的队友。

弹珠游戏：摩羯座喜欢把对手的弹珠都赢过来。

我说你做：通过这个游戏，摩羯座能学会管理他人。

和你的摩羯座宝宝一起读的书、诗歌和童话

《瑞普·凡温克尔》（Rip Van Winkle）：鼓励摩羯座不要与世界隔绝。

《这只小猪》（This little Pig）：摩羯座立刻就知道，自己要成为那个得到烤牛肉的人。

《金鹅》（The Golden Goose）：这个故事可以给摩羯座一些小小的教训，免得他太贪婪。

用这些食物犒劳摩羯座宝宝吧

烤牛肉：原汁原味、简单，正如这个孩子的风格。

土豆：正好搭配烤牛肉！

豌豆：简单、经济、口感柔滑。

★摩羯座宝宝的着装风格

简单明了、落落大方,从摇篮到大学,这都将是摩羯座的风格。

女孩:摩羯座女孩可能会喜欢有一些设计感的时尚服装。只要你能保证,她的穿着与年龄相称,这是没有问题的。

男孩:绝不要给摩羯座男孩穿不庄重或难看的衣服。滑稽的帽子或奇怪的颜色都不是小摩羯中意的。如果他喜欢黑色,别担心,那就是摩羯座的专有色!

★摩羯座宝宝的环境

条理和简洁是摩羯座的必需。如果可以,就给他安排线条简单的家具,装饰越少越好。育儿房里可以有一些小孩儿玩的东西,但是那种叮叮当当的玩具太多的话,恐怕会惹得小摩羯"大放高歌"来表示抗议。

★安抚哭闹的摩羯座宝宝

摩羯座哭闹,多数是由于挫折感。还记得吗,小摩羯小小年纪就已经想做个大人了!他要真是知道做个大人意味着什么,你也就无需解释,为什么这个不行、那个要等长大才可以了。可是他毕竟是个小孩子。不过,让他感觉自己是个小小人物,这依然是安抚他的最好方法。如果他躺着,就把他抱起来,扶他坐直或站着,这样他就会有成就感,扶的力度当然要视宝宝的体重来掌握。感觉自己更"大人"了,或者被你接纳、能参与你正在做的事情,他就会安静下来。

★如何激励摩羯座宝宝

摩羯座不是能坐得住、什么也不干的人。你得让他一直忙着,让他一直动脑筋,增强他的自我感。

- **积木**:即便是摩羯座女孩也会喜欢搭建高塔,幻想自己拥有能环视中央公园的五角大楼公寓。

- 绘画工具：从简单画板、蜡笔，到魔力画板，或者小电脑，你的摩羯座宝贝喜欢创造发明，喜欢列计划。
- 音乐播放器：你的摩羯座宝贝可能会在某个时刻表现出音乐天赋。你可以让他自己来选择他喜欢的旋律，这样会增进他的兴趣。记住，准备一些古典乐，室内交响乐的绚丽能极大地激发摩羯座宝贝。

★摩羯座宝宝的学习方式

摩羯座学习是通过看、听以及与同学竞争或者在老师面前表现自己更"擅长"解决某个问题。他在学习上的最大障碍是，以为自己什么都懂了。纪律和服从是你的孩子亟须发展的方面。要是你被叫到学校去了，要么是被夸奖一番，恭喜你养育了一个天才；要么就是你的小家伙拒绝接受老师的权威。可能有的时候，老师并不就是"对的"，但是摩羯座必须学会如何应对这种事。

12星座父母 VS. 摩羯宝贝

作为爸爸妈妈，如果你的星座是……

白羊座

你为自己的摩羯座宝贝感到骄傲，但你要知道，正确地养育这个孩子是一个多么重的责任。你的摩羯座宝贝很可能总试图证明谁更聪明、谁更快、在某件事上谁做得更好。但是，作为父母，你不能陷入这种比拼。摩羯座可能没你那么倾向于身体上的能力，但他一定比你认为的更精明。他可能小的时候就是个淘气包，

会找出各种方法偷奸耍滑、躲避劳动，或者动用他的天才把事情变得更容易。有时，他的这种创造能力甚至不太健康，但是一定很实用——至少从他的角度看来是如此！要鼓励摩羯座多参加户外活动。很快，他就会迷上跑啊跳啊的，还有投掷游戏中看谁投中得多。

当你站到摩羯座的水平线上和他一起玩时，你会发现，这个孩子是多么充满智性能量。你可能比他高大强壮，可是这个孩子却天生禀赋着成长所需的知识和决心。你要培养这一点，教他学会休息，学会纯粹的玩耍。

金牛座

你和你的小摩羯喜欢与彼此相处，孩子很喜欢你尽心为他营造的温暖而舒适的家。你也为孩子不会占用你太多时间而欣喜，当他需要安慰时，你会很乐意把小宝贝拥进怀里。

整体上，你们关系融洽，就像知心朋友一样。但是，你仍需与摩羯座的越权倾向较量。虽然你会忍不住想，这个午觉干脆不睡了，或者再多给他一块饼干吧，但是你内心始终还是明白，满足摩羯座的每一个要求对他并不好。你的孩子恐怕并不知道，他要对付的可是世上最坚定的人。当你拒绝向他让步、坚决不接受他的不守规矩时，他就能领教到这一点了。

双子座

这个小家伙看起来实在太严肃了,你可能都奇怪,他是不是有哪里不对劲儿啊!其实可能是这样的,这个孩子太专注、太智慧,所以根本不愿意一直做你逗弄的对象。摩羯座有一颗老成的心,尽管会努力赢取你的尊重,但他可不会一直取悦你。

你们之间的关系,关键在于给予他支持,给他设定严格的界限,这些是他充分发展自己潜能所需的。这些对你来说不是易事,可是想要你的摩羯座宝贝有安全感,你就必须这么做!否则,这个孩子可能就会玩过分,什么都是他说了算——当你满地帮他收拾玩具的时候,你尤其能体会到这一点。所以,拿出你的机智和多变,让他猜不透你,这样你就能控制住局面,获得应有的尊重。

巨蟹座

你可能会担心自己为小摩羯做得是不是"足够了"。其实完全不必。虽然你们有许多不同,但是对于你为他的成长而努力营造的温暖安全的环境,小摩羯会满怀感激。你的直觉能告诉你,他需要什么,他想要什么,在整个婴儿期,这都会很有用处,孩子也会体会到,在任何情况下,你都是真正知道怎么做才最好的人。

慢慢地，你的摩羯座宝贝可能还会开始想要保护你。不是他觉得你照顾不了自己，而是因为他觉得，能对家庭担当责任很光荣，这一点正如你一样。"家长"是神圣的概念，摩羯座会努力保护你不受伤害，不让谁惹你生气。照顾你的安全当然不是孩子的责任，但是你必定同意，他努力这么做的样子的确很可爱、很令人感动。

所以在家里，就让你的小摩羯多担当责任吧。他可能不喜欢学习烹饪、打扫，但是这些是每个人最终都需要的生活技能。小摩羯会敬重你的能力，并努力做得跟你一样好。

狮子座

与这个心灵老成的小摩羯最初相处时，你可能觉得你们太不同了，其实你们的共同点比你想象的要多得多。你外向，幽默起来很直接；小摩羯含蓄，逗人发笑时的招数很冷。然而，你们俩都有一个共同的角色，那就是"领袖"。在某些方面，看起来好像是你的小摩羯试图要凌驾于你，而你很可能纳闷他怎么敢这么做。

摩羯座可能很专断。他向你表达他的观点时，你可能会觉得说得太有道理了。一开始，你会觉得这很有意思，不过最后，摩羯座往往得意过头，迫使你跳出来,让他明白到底是谁说了算。真发生这种事的时候,也不必太直接。你要记住,摩羯座看似强悍,自信起来不知天高地厚,但其实内里有着一股安静、柔和的力量。要教导他,领袖所得到的尊重,不是一个称号,而是必须通过行动换来的,接下来,你就得以身作则、率先垂范了。

处女座

孩子的整个童年,你们之间的关系都会融洽而温馨。你的小宝贝顺从、安静,所以也喜欢你秩序井然的环境和有条理的性格。有时,你可能奇怪,为什么你的孩子对你买的玩具或讲的故事不热心,不过慢慢地,你就会明白,他的性情比一般孩子要成熟超前得多。

你可以给他一些更有内容、更能激发人的事情做。你们有一个共同点,都是土相星座,在观点上以及在喜欢做的事情上,你们都是务实派。这个孩子可能喜欢造东西,或者你做更高级的手工时,他也会在一旁有样学样。不过,摩羯座不像你那样注重细节,而是拥有看到大局的能力。试着从孩子的视角来看问题会让你学到不少东西,不过更重要的是,你要让他学会你那种全面把握的能力。这样,他才能得分哦。

天秤座

摩羯座宝宝安静、谦逊,不会给

你平衡的日常生活增添太多麻烦,你会为他的到来而欣喜。所有养育孩子的经历大概都是一种学习,对于你来说,养育摩羯座宝宝就是要你学习变得更有决断。去哪儿吃饭,穿什么衣服,在诸如此类的问题上,你往往表现得没主意,这一点是摩羯座很难容忍的,他越长大就越会对此感到不耐烦。你可以问问自己,在面对这样一个拿不了主意的人时,你是否还能尊重他,再想想,摩羯座是多么难以对人产生信任与尊重,你就知道自己该怎么办了。你必须迎难而上,不知不觉之间,你会无比感激,正是你的摩羯座宝贝让你处理日常生活的能力大为提高。

天蝎座

你会热爱上养育这个孩子,因为你就是明白他需要什么,而且会应付得得心应手。摩羯座一开始挺安静的,但是他们太智慧、太成熟了,你恐怕一时会忘记他们还是初出茅庐的小孩子呢。摩羯座很会给你找事,让你闲不下来,还很能制造喧闹,让你成天为他的健康担心。

不过你是幸运的,因为你比他聪明太多了,不会上他的当,这也正是他的幸运。你心里非常清楚,摩羯座最需要的是引导、爱和约束。你如果不对他强硬,你们俩都会不得安宁。要成就他天生的领袖禀赋,他就必须懂规矩，比如这些规矩是什么，怎么遵守它们，或者怎么做才能不必遵守它们。一定把他看好，这个你一定做得到！你将用自己稳重的方式，引领他走过错综复杂的社会迷宫。他会为此而爱你。

射手座

一个摩羯座宝宝会让你兴奋异常，不过别指望他也跟你一样洋溢着激情与活力！摩羯座比大多数人都要含蓄，如果玩的时候，你不知道适应他的水平而过于投入、过于兴奋，就可能让他沮丧。不过你的聪明智慧一点不输于摩羯座，所以，你是上天给他的恩赐，恰好能教给他生命的喜悦。

不过摩羯座也很会打发时间，你甚至时不时会发现他沉醉在一些小邪恶里乐此不疲。只消看看这个小家伙数存钱罐里的钱，看看他享用自己最爱的美食时那种纯粹的陶醉，你就明白了。摩羯座拥有与任何人一样的情感，不同只在于，将这些情感表露出来并非摩羯座的天性而已。

懂得这一点后，作为摩羯座的父母，就不再那么沉重了。保持强烈的权威意识，但同时，你有一件最好的礼物可以赠予他，让他懂得，受伤了就哭吧，该严肃的时候再严肃；更要让他懂得，人生同样需要欢笑与快乐。

摩羯座

也许,在这个漂亮的宝贝出生的那一刻,你就忍不住要为你们定制一张共同的名片,不过还是等等吧!你和你的摩羯座宝宝可以毫无障碍地理解对方,你们有相似的情绪,你们都不喜欢太情感外露。可是,摩羯座一冲你微笑时,你不可能不放下矜持,露出柔软的一面。你可能觉得,自己对他的真实想法了如指掌,最好先别这么自信。

你的孩子和你太相似了,所以你们很容易产生冲突,争夺主导权。你可能以为一切都在自己的控制之下,可是突然之间你才意识到,你的小摩羯出其不意地脱缰了!这种事情不会让你惊讶,至少不应该让你惊讶!要把这个孩子养育好,你需要常常地自省。你能教给摩羯座的最好的一课是,要正直,没有这一品格,权威不过是一个空壳。简单地说,当你尊重别人时,别人也就更容易尊重你。

水瓶座

生了个摩羯座宝宝让你高兴极了,因为你一开始就知道,不会有太多哭闹,而且很容易跟这个务实的小孩相处融洽。只要能战胜他僭越家庭主导权的企图,你就能做好父母。摩羯座行为端正,不过你可能不知道,他可能很专断,甚至到了霸道的程度。第一次看他和别的孩子玩耍,你可能就会注意到,别的孩子好像都在服从他的领导。这倒不是因为你的小摩羯在做什么"坏事",不过你得确保他确实不是做坏事。有的时候,摩羯座小孩会从别人那里争夺权力,而实际上那根本就不对。

你能教给他的最宝贵一课是,让小摩羯懂得,人不能总以控制他人或争夺权力为目标。每一个人,尤其是整个团体的利益,才是更加重要的。如果你能做到这一点,你就是培养了一个集能力、决心和社会责任感于一身的前途不可限量的人。你培养了一个杰出的摩羯座,也就是把世界变得更加美好了。

双鱼座

摩羯座超前的天性让你惊叹不已。看起来,他根本不像个乳臭未干的小婴儿,因为他总是像大几岁的孩子一样,环顾周围,努力接受着自己所处的环境。他的自信和内心力量简直让你惊叹不已,因为这些品质恰好不是你容易拥有的。

如果你担心自己"不适合"做如此有决心的孩子的父母,那你就错了!帮助摩羯座学习他需要改进的方面,你恰好是最佳人选。比如,摩羯座可能不那么有想象力,缺少一些异想天开。虽然必须接受这一点,但是，只要让他对你建立完全的信任，你也可以帮助他打开柔软、好奇的一面。这需要你比平常更严格，因为摩羯座要求秩序、可预测性，这两样都是你需要很努力才能做到的。而且，要教育这个孩子的话，你也需要自我改变，这正是为人父母所创造的奇迹！

摩羯宝宝安安 + 双子妈妈 Dora

去年冬天,我挺着大肚子坐在办公桌前,读着摩羯座宝宝的这部分文字,充满了想象。在我不时哈哈大笑出来,或动情落泪的时候,肚子里的小家伙也许正翘着二郎腿吸着手指傻笑。

他应该是一个摩羯座宝宝,一个有些小大人、有些早熟、有点冷幽默……对了,一个具有领袖气质的宝宝!一个像小山羊一样坚强的孩子!作为一个散漫的双子座妈妈,我得好好学习如何驾驭这个务实、严肃又需要权威的孩子。遇到情况,很可能需要充满秩序感的处女座爸爸走过来,像一座巍峨的大山一样,顿时镇住场面……

不过我还是不确定。他真的会像文字中呈现出来的样子吗?我期待他,但我无论如何不能接受别人告诉我的一切。我相信他早已存在了,不管什么时候到来,

都会是一样的他。他选中了我,做他的妈妈。我在给他的信里写下这样的话:

"我不想也不能妄自猜度你。我按捺着、按捺着,我在等待你亲自来告诉我一切。

我也有一颗并非缺乏想象力的心灵,可你依然超越了我所有的想象。"

……

现在,这个"想象"已经十个月大,一个整天缠着我吃奶的熊孩子!她真实得足以让我开始检验一下这一切是否果然不虚。可是,可是她丰富得让我无法把她完全安放在这个框架里。

她喜欢玩大圆茄子、茶杯、纸箱子……最喜欢门厅,因为那里有她最爱玩的各种鞋子。而我花银子从商场买回来的"漂亮又好玩"的玩具,她毫无兴趣!哪怕一丁点儿也没有。

她几乎总是拒绝吃勺子送来的饭,换成筷子送来,她就会吃。同理,她不用奶瓶喝水,换成大碗才喝,哪怕呛到。

我很难逗笑她。"宝宝看,小鸭子来了!"我使尽浑身解数做可爱状逗她,她面无表情地看我良久,好像我很无聊。我的笑点跟她基本不合拍。

似乎可以说，她这些特点还蛮像一个摩羯座宝宝的——一个似乎从来就不幼稚、有点冷的小大人儿。

可是同时，她又具有和典型的摩羯座宝宝相反的方面。

比如，她并不沉静。我抱着她时，她从不会撒娇倚着我，从来都是扭成麻花一样，要去拥抱外面的世界。遇见任何人，她都会热情地对别人笑，一直看着对方，直到人家不上前来跟她聊聊都不好意思过去。她也几乎没有老实坐过婴儿车，要么趴在里头，要么站起来扶着，并随时准备跳车。狼狈的我只好两只手当十只用。

她还有很多诸如此类的例外。

我想，也许所有的孩子——包括她，都比我们在这里读到的要丰富得多！每个孩子的妈妈或者爸爸，也许都知道，这只是一个可能的框架，可是每个孩子都是一个无限丰富的世界，等待我们用一生的时间来解读。

水瓶座

讨人喜欢的小精怪

出生日期：1月21日-2月20日

守 护 星：土星——白昼、强壮与倔强的一面

旺　　 星：并不需要。水瓶座的专注正如土星一样坚定不移

幸 运 色：橙色、蓝绿色

幸 运 石：蓝宝石、磷铍钙石

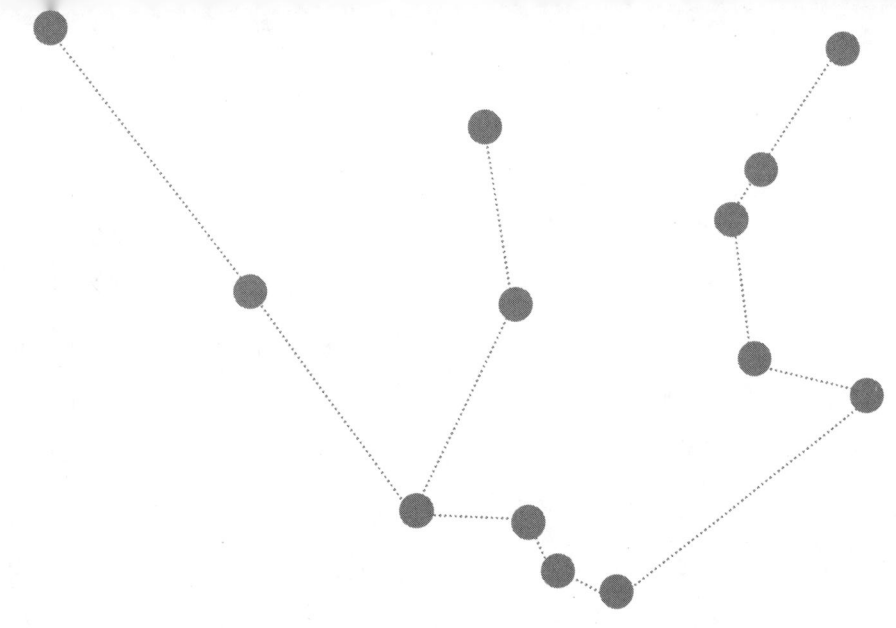

这个有着好奇的面孔和深邃眼神的小宝贝真的是一个梦想家！因为出生在万物蛰伏的严冬季节，所以你的小瓶子认为，关心他人的福祉并建立一个可以保护每个人的社区，是非常重要的。水瓶座的宝宝经常会有新点子，让你为之啧啧称奇。养育这样聪明可爱的宝贝，你绝对会有无数的乐趣。水瓶座是风相星座，但同时又很坚定不移，这也是为什么你的孩子坚定不移地认为自己的想法是唯一值得考虑的原因之一。你可能想指给水瓶座"正确的"做事方法，但你的孩子会执意要开辟一条"新"途径，并且处处都要打破常规。

每一个水瓶座都认为，给世界带来光芒和知识是自己的任务。因为这种使命感，水瓶座始终坚信现在的世界需要做些调整。这也就是为什么你的孩子会比其他孩子更多地漠视权威，并试图修正你做事的方法的原因所在。不仅如此，在很多情况下，他甚至会彻底颠覆你的世界！

水瓶座的孩子都是思想家、健谈者，也是实干家，并且他们通常都会尽力采用独一无二的方式来表达他们的感情。从情感的角度来说，你的孩子并不是最热情的，但是在你的帮助下，他们会更加开诚布公地敞开心扉。给你的水瓶座宝宝多一些爱，即便是他并没有向你要求的时候，不问原因也给他爱。当你这样做的时候，他就会意识到无需思考或者语言，也有心路和你相连。在你的孩子还处于婴儿阶段时，你有很充足的机会这样做，但在这之后，就会越来越难。所以，你还在等什么呢？给你的宝贝多一点亲吻，多一点关爱吧！

★水瓶座男孩

水瓶座的男孩格外惹人喜爱。他们的好奇心从来都会让我们忍俊不禁。并不是他们特别活跃或者偏好运动，而是因为大多数水瓶座的男孩都想要弄清楚世界的奥秘，从他们自己的身体开始，并逐渐延伸到周围的世界。这样的小家伙，甚至为了搞清楚小虫子的味道而吃掉它们。他们还会在水池子里把食物和各种调味料混在一起，只是因为想到了一个制作"魔法饮品"的点子。

水瓶座的男孩子很不喜欢自己的自由受到限制，不管这限制来自你还是其他人。但是如果你允许他随心所欲地去做他想做的事情，那你就会冒很大的风险，不光是他的安全，还包括你的理智。别看他小小年纪，他已经很擅长寻找借口，他会说服你让他尝试本不该尝试的危险，并且你几乎找不到反驳的理由。这也是为什么不能给他争辩机会的理由所在。对于他的叛逆天性，你可能不得不厚着脸皮去应对，同时，在某些活动和行为上，你必须设定一些严格的规则。如果他不顺从你的意愿，那么就采取措施让他更听话一些，不要仅仅是顺其自然。但是你也不能控制过多，在给予孩子自由上，你必须能够把握好分寸，并有所控制。

随着日渐长大，水瓶座的孩子会显露出对科学的兴趣以及对工程尤其是信息科技的偏好。水瓶座喜欢一些和世界有关的想法，但必须是要让世界变得更好的想法，否则水瓶座男孩就会失去兴趣。

如果你的水瓶座男孩特别富有同情心，那他有可能对环境科学、生物学以及动物保护学等领域产生强烈的兴趣。你应该准备好如何应对水瓶座孩子的一些请求，比如要特别的饭菜，还要尝试用新的方式来庆祝节日等。水瓶座的孩子会通过尽力改变别人的方式来证明自己。你可以在合理的范围内适当迁就他的奇思异想，但不可以让他把家里搞得乌烟瘴气。要知道，现实世界不会这样迁就他的，他必须学会妥协。另外，他肯定会按照自己的方式，去改变你如何看待问题，但是你要坚定立场，要让他知道有时候顺从可能会让一切更好。

★水瓶座女孩

水瓶座小女孩非常特别！你很快就能知道的是，你的宝宝的确有一些特点让她显得与同龄孩子如此不同，并且如果你忘记了这一点时，她一定会提醒你的。在婴儿时期，她看起来就非常聪明，并且给你的感觉是她好像能洞察世事，有一个"老灵魂"。随着成长，她会变得非常活泼可爱，对于吸引她的事物有着强烈的偏好。尽管她可能并不想成为班里的"开心果"，但可以确定的是，她很想被看作是"仙笛神童"之类的人物。

水瓶座女孩会有不少点子想让别人知道，其中大部分都关于让世界变得"更美好"。她会很容易地把这些和解救动物、预防污染以及鼓励废物回收联系起来。

如果她提出一些保护地球的新点子，即便是你以前从没和她谈到过，甚至是闻所未闻的，那也不要吃惊。那只是因为她经常在思考，对所有人来说，到底什么才是最好的。

尽管如此，这可不意味着她不在乎自己的需求。水瓶座对自己十分明白，她可不是那么容易就能糊弄的。她非常大胆，而且相当自尊。一旦和别人进行比赛，哪怕是同男孩子比赛，她的态度也会很坚决，她绝不会要求享受"特权"——她只要战胜他们！任何想要制止她的人都会惹祸上身的。她星座里的这种"坚定不移"的天性，使她非常固执。一旦下定决心要做什么事，她就会立即去做。不仅如此，她还要搞清楚为何别人不会那样做。对你的女儿来说，仅仅充当开路先锋并不会让她满意。不管她看待问题的方式有多么离经叛道，她都会坚持认为只有她是对的，而其他人都尚未开化。

假如你没明白这点，那么你就会经常想不通。重要的是，你要明白女儿的成长必定会经历与你分离的过程，而且这个过程可能会比其他孩子表现得更为激烈。坚持下去，你会为她感到骄傲的。她会如愿成为她想成为的人——一位个性十足的坚强女性，有超前的意识，并且很可能会以某种方式，让世界变成一个更美好的地方。

★天赋和兴趣

科学

你的小瓶子对于世间万物如何形成,会非常好奇。这个小家伙会把任何嘎嘎作响的玩具拆开来,好搞清楚它们为什么会发出声响。当水瓶座的小孩子做事情时,你总会忍不住盯着他看,既是为他的安全考虑,也是因为偏爱他绝对的天才。

语言

水瓶座想要去交流,但是得依着他的要求才行。在学习如何讲话上他会非常用心,可是一旦学会后,可不要期望他会按照你喜欢的方式来回答你的请求。水瓶座会重新给事物命名,这样就可以让你记住它们到底是什么——只不过,这种方式似乎试图颠倒你们两个的角色。

行动

水瓶座的孩子会是一个热衷于政治的小家伙,对于世界上发生的事情认识敏锐,并且很想同所有愿意听的人分享观点。随着他逐渐长大,你可以鼓励他参与社区工作以及学校事物，这样他就可以了解到很多幕后工作，并且可以参与其中。

★小小的挑战

水瓶座孩子，除了他的一些小怪癖之外，养育起来真的让人感觉很棒。总有一天，你会为你孩子取得的巨大成就感到骄傲。不过同时，你可能也得应对不少随之而来的问题。要知道，对这样一个很有主见并且爱唱反调的孩子来说，麻烦可是少不了的。

这些麻烦之中，试图让水瓶座去遵守学校的规则，可能是最让人头疼的事情。找到一个可以鼓励孩子取得成就的领域，的确是一个不错的想法，但是如果这个领域非常传统，那你就不得不去教给水瓶座孩子，要学会适应权威的约束。

★管教水瓶座宝宝的秘诀

要让水瓶座总是"循规蹈矩"，几乎是不太可能的事，但是你应该时不时地敲打敲打他。为了让你的孩子平平安安，同时为他自己未来的生活做好准备，你必须在执行规则上做些平衡，在给予自由上多一些斟酌。

要培养孩子良好的品质，最好的办法就是教给他那句老话："自由和责任相伴而行。"在水瓶座很小的时候，你就要这样教育他。比如他拿了一堆玩具，那是他的"自由"，而他的"责任"就是要善待它们，并且在游戏结束后放回原地。这些听起来有些老调重弹，并无什么新意，但是如果能让水瓶座孩子记在心里，那么在今后教育孩子上，你肯定会很有建树。

一旦水瓶座不能很好地履行自己的责任，那么他就不能再享有自由。在执行这一点上，你必须严格要求。举例来说，如果水瓶座不能把积木放回到盒子里，你就应该把积木拿走并且放到一个他们够不着的地方。他们可能会哭闹上一阵子，甚至大喊大叫，但是尽管去做。一旦水瓶座认识到自己的错误并且保证下不为例时，他们就可以拿回自己的积木。

如果能得到水瓶座孩子的道歉那就太好了，不过这可能需要花费一点时间才行！如果你能够非常耐心并且有足够的毅力坚持到底，那就不是什么难事。一旦他懂得了说"我很抱歉"的价值之后，你的孩子不仅能获得原谅，并且肯定会从中大为受益。

★水瓶座宝宝的最爱

跟你的水瓶座宝宝一起唱的歌

《我们多多在一起》（The More We Get Together）：水瓶座的团队意识会较早地形成。

《空巴亚》（Kumbaya）：同每个人和平相处我们就可以共同生活。

《公共汽车的轮子》（Wheels on the Bus）：对一项城镇公共活动的社会观察。

跟你的水瓶座宝宝一起看的电影

《冰河世纪》（Ice Age）：水瓶座会钦佩这种部落里的忠诚和坚持。

《冰上轻驰》（Cool Runnings）：这个关于团队为平等而战的故事会验证水瓶座的情感。

《米罗和欧提斯的冒险》（The Adventures of Milo and Otis）：两个完全不同类的生物可以找到很多共同之处并且互相帮助。水瓶座天生就知道这是真的。

和你的水瓶座宝宝一起玩的游戏

捉迷藏：对水瓶座来说，反正大家都是一样的。

鸭子、鸭子、鹅：对水瓶座来说，这是一个很好的方法，可以让他学会选择一些很有能力的助手。

炽热熔岩：这个游戏会发挥水瓶座的想象力，增强共同努力的意识。

和你的水瓶座宝宝一起读的书、诗歌和童话

《三个火枪手》（The Three Musketeers）：人人为我，我为人人。

《鸡蛋胖胖》（Humpty Dumpty）：国王并不是万能的，明白吗？

《青蛙王子》（The Frog Prince）：每个人都有潜力成为一个优秀的领导者。

用这些食物犒劳水瓶座宝宝吧

意大利面：不同寻常，有足够的吸引力，会让水瓶座大开胃口。

椰果汁：不容易找到，不过这也正是水瓶座喜欢的原因。

秋葵：水瓶座会喜欢一些别人都憎恨的东西。

★水瓶座宝宝的着装风格

古怪。是的,没错!这样的孩子会想到一些古怪的点子,比如穿一双不相匹配的袜子。

女孩:她会选取一大堆看上去根本就不搭调的衣服,但最终却能穿出独一无二的漂亮效果。

男孩:他会选择很前卫的衣服,并且会坚持穿上超人内衣。有时候,水瓶座的小家伙会认为他真的来自于外来星球。

★水瓶座宝宝的环境

水瓶座并不特别在乎你照顾得如何,只要你能待在身旁提供基本的服务,并且有足够的空间让他施展手脚就可以。奇形怪状的小玩意以及鲜艳明亮的色彩,就会让你的小瓶子心花怒放。

★安抚大哭特哭的水瓶座宝宝

由于水瓶座有时会非常固执，因而当他大哭特哭的时候，你会觉得他的哭闹似乎没完没了。大部分时候，只要你能照顾好他的基本需要，诸如食物、尿布并且进行肢体接触，你的小瓶子就会安静下来。他会躺在毯子上自由地蹬来蹬去，或者玩弄大人的手机以及其他可以玩耍的东西。

水瓶座同样很容易被电视或者电影吸引，因为他坚定不移的天性会让他的关注过于强烈，以至于沉迷其中，难以自拔。看太多的电视会把你的孩子变成一个电视控——对于一个心智优良的孩子来说，那可绝不是你想要的结果！水瓶座的美好心灵，可以帮助你安抚他。当水瓶座不开心的时候，可以读童谣或者讲故事给他听，而背景音乐同样能够舒缓水瓶座的紧张情绪。

★如何激励水瓶座宝宝

水瓶座对于世界非常有兴趣，因此要让你的宝宝动动脑筋并不是什么费劲儿的事。你的小瓶子会喜欢这些玩具：

● 会说话的电子玩具和电子书：这些东西会让水瓶座宝宝最直接地学会因果关系。

● 扮装衣服：无论是男孩还是女孩，都会有一个需要满足的"超级英雄情结"。

● 城市或者农场的游戏组块：这些游戏会让水瓶座孩子逐渐发展出社会意识。

★水瓶座宝宝的学习方式

水瓶座在团队环境下学习的效果最好。你的孩子需要同学的友情，这样会让他觉得学习的东西有意义。他看待问题的方式从不会和他人一样，因此在介绍新的学习内容时，要准备好采用新颖的方式。如果逼着他遵守一定的学习方法，你的小瓶子在学校的表现不会太好。相反，他需要在自由和规则之间寻找到正确的平衡，并且尽可能多地接触技术。

12 星座父母 VS. 水瓶宝贝

作为爸爸妈妈,如果你的星座是……

白羊座

你和水瓶座之间势必会有一场很有趣的拉锯战。你很务实,而你的孩子更关注精神层面的契合,因而你们两个在看待世界的视角上极为不同。你认为得到想要的东西最为重要,而你的孩子持续关注的是,他怎样做才能让更多的人从中受益。你们两个唯一能达成一致的,就是都认为自己做的很重要。你和你的小瓶子

可能要花费很长的时间才能相互适应，但是在这种练习中，你得记住你应该是负责的。

对你来说，和别人发生面对面的冲突实在是太容易了，尤其是同那些一根筋的人，就像你的小瓶子一样。在他还小的时候，重要的是，你要让他知道你尊重他的个性，但有一点你必须坚持，你必须让他学会尊重和服从。只有这样才能帮助你的孩子学习如何正确看待自我，并且找到融入社会的途径。不过，当你教育水瓶座如何和别人打成一片时，你的孩子反过来还会教育你，作为父母你应该如何行为才像样。

金牛座

你相当传统，而你的小瓶子恰恰相反。尽管如此，你们两个相处起来远比你想象的要好。对于孩子提出的想法，你会认为很棒而且新颖，对于他做事的方法你也会感到骄傲。因为水瓶座一旦选择了某项活动就会坚持到底，直到完全掌握为止。同时，你会为你的小瓶子提供稳定和富足的生活，而他也会很在乎你的看法。水瓶座的孩子同样会觉得你对他来说也是一个挑战，如果他能劝说你改变主意，那么其他的任何事对他来说简直易如反掌！

在选择朋友或者决定学什么上，给你的小瓶子多一些自由空间。你可能认为他会成为一名出色的会计师，但是水瓶座孩子会很不愿意被那种仅仅关注物质世界的想法所束缚。尽可能地让你的小瓶子多接触一些科学技术，确保让他参与某项喜欢的活动，以锻炼他的心智。举例来说，教育他热爱动物并且对于遭受不幸的人给予关爱，对于习惯于理性算计的水瓶座来说，就是一种很好的平衡。你的小瓶子很幸运，因为你会给他树立完美的榜样。

双子座

你的小瓶子会让你喜不自胜，甚至在学会说话之前，他就已经可以同你交流了。可以说，这个孩子生逢其人，因为你总能心有灵犀地知道水瓶座在想什么，而且无论你的小瓶子想什么或者说什么，你都会感觉相当不错。你们两个人有一种天然的亲和力，而且尽管你们使用亲和力的方式不甚相同，但你们却能相互欣赏。另外，你的小瓶子遇到你会很幸运，因为你拥有同任何人打交道的能力和勇气，只要你愿意的话。

你要教育水瓶座学会更加敏锐地感知他人，并且帮助他明白"魅力"的含义所在。你的孩子似乎不太会像你那样包容他人，因而需要学会拓展自己，这样就可以和别人更好相处。是的，水瓶座的人会想着法子"与众不同"，但往往也会因为缺少朋友而倍感孤独。你喜欢结交朋友，而你的小瓶子并没有类似的想法。尽管如此，你还是会告诉他如何结交几个至少值得信赖的挚友，对此他会非常感激。即便只是因为这个原因，你的小瓶子也会向你敞开心扉，把你作为他永远的好朋友。

巨蟹座

从第一次见到他，你的小瓶子对你来说就是一个谜。然而，你会很喜欢你的小宝贝，并且会一如既往地给他提供幸福和安全生活所需的一切。你们两个最大的不同就在于，在看待周围的世界时，你会带着个人的感情色彩，而水瓶座宝宝却明显有些超脱。你的小瓶子当然很有感情，只不过在试图搞清楚眼前的情况时，他更倾向于把感情暂时放到一边而已。

为了建立起你对孩子的终极权威，你可能不得不采取"打了左脸，就把右脸转给他"的态度。你的小瓶子，即便还不会说话的时候，似乎就对你流露出的关爱企图不甚喜欢。你必须得保护自己免受这些挫折的伤害，并且不要有这种想法，即你的孩子不愿同你亲近是因为水瓶座不爱你。要想让你们的亲子关系更加密切，你们都需要做出一些努力。你的小瓶子应该逐渐学会了解他人的情绪状态，至少会更多一点；而你应该意识到在你去爱一个人的时候，无需为了获得安慰和支持而过分地关注他本身。

狮子座

当你第一次抱着你的水瓶座宝宝

时，那种喜悦之情会让你终生难忘，而且这种喜悦在今后的岁月里也会始终伴你左右。尽管在黄道带轮中你们处于相反的位置，但这却让你和水瓶座有了特殊的联系纽带。你有很多水瓶座缺少的天赋和特性，而水瓶座也有很多东西可以让你从中受益。当你和孩子在一起时，无论什么情况，重要的是记住绝不要用独裁方式建立并维持你的权威。不过，你的小瓶子会需要你提供明确的限制，这样他就会学会如何融入到社会中去。

给水瓶座孩子一些挑战，把他们训练得更富有同情心一些。尽管水瓶座看上去思考了很多关乎"整个世界"的问题，但想要让他热情待人，似乎有些困难。要想教会他这些，你可以率先垂范，以身作则。当然，你还必须同时提供直接的、有说服力的论据，让他知道为什么这样做很重要。养一只宠物可能会是一个很不错的办法，并且这可能还会让你显得非常了不起。因为无论是遇到什么样的生物，你都可以让其成为最棒的，甚至是你如此不同寻常的水瓶座孩子。

处女座

拥有一个水瓶座的孩子真是你的福气，但是有时候也得面临不少挑战。你的小瓶子会竭尽所能地在你和他自己之间划清界限。这样做到最后可能效果不错，但是面对这个鬼精灵的孩子，你所期望的亲密关系将会更加难以实现。

当他还是一个婴儿时，为了让他更加舒适，你准备要做很多事情，但水瓶座并不需要你这样小题大做。当你试图给他清洗双手以保持干净时，你的小捣蛋很有可能叫喊着说把卫生湿巾留给你自己。

尽管还是个孩子，可你的小瓶子已经会不停地试探你。他会很固执地拒绝服从你的指示，而且随着年龄的成长，他会日益变得精明，想要让他听话只会变得越来越难。对于你讲的每一条箴言或者道理，水瓶座都会罗列一大堆逻辑缜密的说辞去应对。比如你可能会说"一日一苹果，医生远离我"，可是他却会回嘴说水果和蔬菜含有很多有毒物质。

天秤座 ♎

同水瓶座的孩子在一起，你的生活里时刻都充满了笑声。这个孩子的与众不同会让你很是喜欢，生活里会有无尽的故事让你们欢笑不止。可是当每个人都在大笑时，你的小瓶子却只管我行我素。最不可思议的事情是，他似乎对别人的看法和评价一点也不在乎。这一点确实值得你学习，你也应该学会这样——但是在这之前，也许你最好先考虑一下如何去应对你的小瓶子，可不要让这个生龙活虎的小家伙掌管了一切。

在很多事情上，你可能需要给孩

子留一些余地，因为他对自由非常在乎。但是同时，你也需要对你的小瓶子留点心。水瓶座对什么东西都极为好奇，他甚至想要知道起居室里价值500美元的花瓶摸上去感觉如何，如果被他的小手打翻在地又会如何。水瓶座缺乏对美的关注，这会让你感到生气。但是你们之间所享受的这种逍遥自在、舒适快乐的关系，会让你心甘情愿地放弃任何和审美有关的东西。

天蝎座

你同水瓶座孩子的关系会非常深厚，只不过和你的孩子相比，你远远比他更清楚发生了什么。水瓶座的孩子常常努力表现得与众不同，为的是要用他自己的方式让你印象深刻而已。你有很强的洞察力并且天赋过人，你对孩子的行为往往非常清楚。但尽管如此，你并不想让它们影响到什么。实际上，你的孩子会惊讶地发现，并没有多少事情会惹你生气。

用行动让你的小瓶子知道你很关心他，是非常有必要的。因为即使是看上去满不在乎的孩子也是很值得并且需要你关注的。水瓶座的人只是不愿意表现出来罢了。尽管你们两个看上去差别很大，可实际上你们的联结却非常坚固——坚不可摧。在做事的风格上，你们同样都很坚持己见，并且都想竭尽所能地实现你们全部的目标。你总是太过于明智，以至于不能容许孩子哪怕是一点点的偏离轨道。但是你同样可以鼓舞孩子，因为你深深地坚信你的孩子生来就是要充实、丰富和启迪这个世界的。

射手座

当你看到自己的小瓶子时，你会非常激动，并且急切地想知道他需要什么、对你有何期待。因为水瓶座在关乎"自由"的问题上会比你更加过激，所以你需要让你的孩子享有适当的自由，但同时也要对他密切留意。要做到这些并不会很难，因为在观察你的宝贝探索周围的世界时，你会完全地陶醉其中。而且很可能的是，你甚至也想参与其中，跟他一起进行冒险的游戏——但是在某些时候，水瓶座会想要摆脱你的束缚！记住这一点相当有用。等你下一次又突然玩失踪时，它可以帮助你更加敏锐地了解别人对你这样做的感受。

你的小瓶子会经常试着表现得与其他人不同，包括你在内。你会非常钦佩孩子的创造力，并且看到他在智力和分析方面的技能飞速发展时，你会由衷地为他感到高兴。

摩羯座

你的小瓶子会给你带来很多欢乐和满足，但这需要你若干年的辛苦努力。你和水瓶座在很多方面都很相像，但是在很多时候你们往往有些不和。

尽管你很爱他，但是对于他的那些怪念头从何而来，你也会感到非常困惑。你的小瓶子同样也会很爱你，尤其是在你想方设法让他尊重你并且服从你的管教之后。

水瓶座会经常抵制既有的系统，所以在看到他试图对儿童的惯常形象进行彻底改造时，你难免有些不知所措。但你必须学会接受这一切，因为这正是你孩子的特点。无论发生了什么情况，你都应该把它们变成教育与学习的机会。水瓶座的孩子不但会挑战你的权威，而且当你说"我说这样就这样"的话时，往往会拒不接受。反过来，你的小瓶子还会质问你"为什么"。不过，经历了所有的这一切，你就会慢慢变成为一个更好的家长。

水瓶座

对于多数父母来说，有一个和他们相像的孩子可谓是激动人心的体验。但对你来说，这可真的是一大挑战！毕竟，你自己不也是一个彻头彻尾的怪人吗？为什么你的孩子不按照你的想法去做事呢？什么时候你的小瓶子会认识到有一些规则是必须遵守的呢？

如果你的父母在一旁看到，你养了一个和你如此相像的孩子，他们可能会忍不住发笑。要知道，这个孩子几乎要把你逼得发狂了（尽管是以一种不错的方式！）。你的小瓶子和你一样，生来就是要独辟蹊径、卓尔不群的。当然了，这种独一无二的个性对他很有必要。只有这样，你的小瓶子才能引领别人注意到一个与众不同的世界，而这可能是他们自己永远也不会注意到的。水瓶座孩子的聪明、社会意识以及绝对的个性会让他为大家指明道路。

养育一个水瓶座的孩子，你会学到太多的东西。不仅仅是你会迷恋于他看待世界的方式，而且你还会懂得与众不同的好处。而且，在他成长的过程中，你已经为他树立了很好的先例，可以让他在适当的时候按照你的方式行事。而在这个过程中，你全部需要做的就是去爱你的小瓶子。

双鱼座

在你和你的小瓶子之间，存在着一种只对你们两个有意义的奇特联系，除此之外，对别人来说毫无意义。当你怀抱着你的小瓶子时，你会为他猜想所有的希望和梦想，但是他所想的肯定要和你脑中的想法不一样而已！不过，这一点并不会让你太过生气，不至于像其他父母那样为此大为光火。

你有很多东西要给予这个宝宝——不是因为你是最有条理、最有战略眼光或者准备最充分的家长，而是因为你接受你的水瓶座孩子是真正独一无二的个性。同时，你们身上所具有的这种关乎人类的博爱精神，会把你们紧紧联结在一起，致力于寻找到解决之道，去改善地球上每一个生灵的生活。

博涵

富有同情心的爱思考的"小瓶子"

水瓶宝宝博涵 + 水瓶妈妈梅梅

儿子出生于 2009 年 2 月 10 日，转眼间都四岁了，这个好奇心满满的小瓶子给我们带来无尽的欢乐，让我们体验到为人父为人母的新奇、满足和幸福。

文中说，"如果你的水瓶座男孩特别富有同情心，那他有可能对诸如环境科学、生物学以及动物保护学等领域产生强烈的兴趣"。那我就说说儿子同情心泛滥的几个例子吧。

场景一：儿子在两岁半左右，由迷恋海洋生物转到迷恋恐龙，有天晚上洗脚时，儿子说："我要变成挡雪恐龙，把雪全挡住，这样恐龙就不会冻死了，恐龙就不会灭亡了。"（背景：儿子的恐龙大百科书上说恐龙灭绝的可能原因之一是遇到了极寒天气，大批恐龙被冻死，导致恐龙灭绝。）

场景二：一天，一只小飞虫落到了墙壁上，儿子惊呼："妈妈，小飞虫！"我随口说了句:"你拍死它吧。"没想到儿子说:"我不拍它,我要让它快快乐乐地活着。"然后,他扇动着他那胖乎乎的小手喃喃自语道:"小虫子,快飞吧,飞吧……"我汗颜。

场景三:晚饭时我把鸡汤端上桌,儿子喝着喝着忽然停下来严肃地问我:"妈妈,是谁把鸡捕杀了?"我一时语塞,含糊着说:"人类。"儿子面带悲伤地说:"我不想让人类捕杀它们,我想让动物们快快乐乐地生活。"我没有底气地说:"它们是专门为人类提供食物的,它们会说'能给宝宝提供营养,我们很高兴'。"我也知道这个回答很拙劣,可面对孩子纯洁的心灵我该怎样回答是好呢?要知道,大多儿童绘本都是以小动物为主角的,可是有一天,孩子发现绘本里的主角小兔子、小猪、小狗、小鸭子等等成了他的桌上餐,作为家长的我们,又该如何给孩子解释呢?

♓ 双鱼座

天真而又奇妙的宝宝

出生日期：2月21日-3月20日

守 护 星：木星——夜间行星、纯粹至诚的一面

旺　　 星：金星

幸 运 色：淡紫色、天蓝色

幸 运 石：紫石英、绿玻陨石

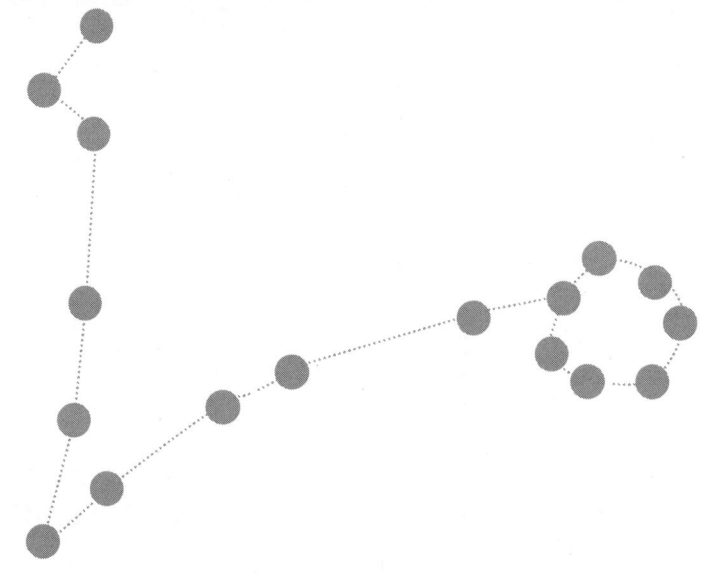

冬去春来,双鱼座宝宝终于来到人世间,来到你的身边。小鱼儿的降临,似乎在提醒着人们时刻不要忘记,我们每个人来到这世上都是冥冥之中注定了的。选择在这样一个春暖花开的日子里与你们相遇,也充分表明了生命寻求自我更新和延续的美好寄托。双鱼座是一个水相星座,这一星座的人大都具有可变不定的性格。因此,你的双鱼座宝宝可能比较容易情绪激动,他很有灵性,也有很强的直觉。我们甚至由此会断定这个敏感的宝宝简直就是一个天生的心理学家。从他一生下来起,你就会注意到,这个小家伙身上有着某种不为人知的力量推动着他往前走,并且,慢慢地,你也会发现,这正是双鱼座宝宝独有的认知新鲜世界的方式。双鱼座宝宝富有同情心，热情而又不受束缚，显得与众不同。但同样的，他也非常需要贴心的帮助和呵护。

双鱼座宝宝并不擅长清楚地区分理想世界与现实世界的界限。这正是你能够帮到他的地方。你可以允许宝宝沉浸在他各种各样的幻想中，自得其乐。但也要时常告诫他，真实的生活可不全像他所想象的那样。双鱼座宝宝在完成某项任务的时候，你必须多花一点儿心思，让他变得更有计划和条理。双鱼座宝宝做事情，常常就像狗熊掰玉米，想起一桩是一桩，却又极易分心和转移注意力。你可以试着让他在洗脸刷牙的时候唱着歌，或是从一数到十，同时要培养他善始善终的习惯。此外，你要做出示范，确保他了解你的原则和底线，让他相信，父母会很好地保护他，也会很用心地保护他，不会让其他人伤害或利用他。

这样的经验，会帮助双鱼座宝宝塑造自身的性格，并且逐渐成长为他命中注定要成为的那种专注、富有创造力和想象力的个体。

★双鱼座男孩

总的来说，双鱼座男孩安静且温柔，看起来不像其他一些男孩子那样打打闹闹、莽撞粗鲁。但是，这可绝不意味着你们的双鱼座男孩缺少男人气概，他总是有能够使他自己表现得极为主动、积极和自信的领域。双鱼座男孩其实在创造性艺术领域非常有天赋。他会哼歌儿给自己听，会画画，甚至还会跳舞——即便他周围压根儿就没有音乐伴奏！

许多双鱼座男孩对童话、神话故事特别感兴趣，在这些故事的世界里，他会将自己幻想成一位英雄、一位王子，或是一位勇士，手持闪闪发光的武器。双鱼座宝宝希望能够拯救世界，为此，他可以不畏风险地去攀爬摩天大楼，也可以伸出双手拭去绝望少女脸上的泪珠。从某种程度上讲，他的生活中需要有这样被需要、被依赖的感觉，天晓得他将来的生活、工作会不会卷入类似的情形，说不定他将来做了医生、紧急救护工作者或是辩护律师呢？所以，满足他的这种幻想和需要是正当的，但同时，作为家长，你也要努力帮孩子建立一种真实的感觉，让你的双鱼座小王子意识到，拯救别人并不都是现实的，甚至有些时候，并非人人都愿意被拯救。

不能不承认，向一个小男孩解释，为他人而牺牲自我的行为并非总是合适的，这事不太容易。但是，你还是要努力向他解释。毕竟，如果双鱼座宝宝在这一点上缺乏认知，他将在自己的生活中被那些想要利用他这种善良本性的人一次又一次地伤害,而这种伤害,有可能使他很难再去相信他人。为了向孩子说明这一点,你们要多与双鱼座男孩沟通,让他把自己脑袋瓜里的幻想时常拿出来和你们分享一下。做好事没有错,但如果碰到那些并不愿意帮助你,且不会与你一道为世界变得更加温暖和富有关爱而努力的人,为他们付出你的天赋和热情是不值得的。

★双鱼座女孩

双鱼座的女孩看起来就很甜,文文静静,是个十足的女孩儿。她很乐意被精心地打扮,也热衷于玩洋娃娃和假扮公主。双鱼座女孩是女孩儿中的女孩儿,所以,有时候让她在自己精心搭建的城堡里待着,也没有什么错儿。但同样,你们也需要帮助她,在面对这个真实世界时做好必要的准备。

作为孩子的家长,你们所要做的,是在双鱼座女孩美好而精致的幻想中融入一些责任和现实感。让你们的双鱼座女孩意识到,她必须对自己的慷慨大方有计划地分配,而不是随意地给予任何有意无意靠近她的人。在孩子成长的过程中,你们将不止一次地看到,双鱼座女孩被一些只想索取却不愿付出的人利用和伤害。你应该对她表示同情,因为她需要你们理解她在此处境下的内心感受。但同时，你们也应该提醒她注意在这些事情上她学到了什么。让双鱼座女孩明白，她有权利要求周围的人证明自己的付出是值得的，尽力避免在获得信任之前，就付出自己的真心和真情，或者至少他们表现出会对她付出的关爱、热情有所回馈。

此外，双鱼座女孩也要在艺术和其他一些实际的活动之间保持必要的平衡。跳舞的确很好，但语言和语法也很重要。学习诗歌有助于她运用词汇表达自身浪漫且有创造力的激情。一些军事类的游戏和马术运动也很有必要，它们可以促使双鱼座女孩更能有意识地集中注意力。基本上来说，你要时不时对她的规划行动和务实行动大加赞扬，引导双鱼座女孩发挥自己的天赋，唤醒她的激情，这也是作为家长的义务。

★天赋和兴趣

艺术和音乐

双鱼座宝宝与这个物欲横流的世界在最深处有某种特殊关联，这有助于他发挥自身的创造才能。为双鱼座宝宝创造一个可以安放梦想的地方是非常重要的。

如果你能够认真倾听双鱼座宝宝演奏的美妙音乐，仔细观察他创造的绘画作品，你将能够发现你们的双鱼座宝宝的所思所想，并且帮助他处理好自身的恐惧，和与他人分享成功。

语言

双鱼座宝宝喜欢自我表达，但在语法和拼写方面却常常做得不够好。对这些有点古灵精怪的孩子来说，"有趣"和"没有错别字"很难同时进入他们创造的句子中。在全语言（whole-language）教学环境下，双鱼座宝宝反应更为迅速，他们更容易整体上把握语言规律，他们能够打破习惯，将句子分解并且重新组合，从而表达思想、分享观点，虽然这种表达难免存在错误。

数学

或许有人会说，双鱼座的宝宝对处理细节不够擅长，但到了高阶的数学面前，双鱼座宝宝将让这类怀疑就此打住，他会充分展示自身的特长，游刃有余地理解数学所构成的抽象世界。要是你还对孩子的数学能力半信半疑，那不妨透露一下，爱因斯坦就是双鱼座的。

★小小的挑战

养育双鱼座宝宝,其实并不需要你付出过多的精力和心血,但也会时常遭遇挫折和挑战。这些挫折和挑战大多是因为双鱼座宝宝常常拒绝百分之百地投身于这个真实的世界中。比如,你们刚刚告诉他赶紧准备好去上学,或者赶快捡起地上那个差点儿绊倒你的玩具,可他却对你才说过的话一无所知。

双鱼座宝宝的思维与你的可能完全不同。你的小鱼儿喜欢在自己的世界里游来转去,此时你对他所说的话,仿佛都成了静态和乏味的声音,于他没有任何干扰。双鱼座宝宝或许知道要注意倾听,只不过他内心深处的图画实在是太具诱惑力了。

发生类似的事件有时会令你忍俊不禁,有时则难免惹怒了你。有时候,如果涉及宝宝的安全,你要特别留意。双鱼座宝宝喜欢有水的地方,如果你的宝宝喜欢在池塘、湖泊或是海边玩耍,那就要格外小心谨慎了。碰到类似情况,你必须马上讲清利害,把他从自己的幻想之中"摇醒",尽管这样做会无情地打破宝宝刚刚编织起来的一幅美景。

★管教双鱼座宝宝的秘诀

管教好双鱼座宝宝,在大多数情况下是比较容易做到的。双鱼座宝宝很少会故意与人作对,但他常常会忍不住要触摸某些容易造成危险的事物或是去某些危险的地方。为了教会双鱼座宝宝保护自己,你首要的任务是与孩子进行良好有效的沟通,确保你与他的理性认知达成了严格的约定。而且你们必须在晓之以理之前,把周围一切容易分散宝宝注意力的东西,比如玩具、视频或其他刺激物通通拿走。

当你们不得不对双鱼座宝宝的行为做出批评时,请尽量避免过于严厉。无论出于何种意愿,一旦你们的宝宝对你感到害怕,他将更加退缩到自己的小小世界中去。时刻保持开放顺畅的沟通,并让你们的宝宝意识到他行为背后的原因。当你们的双鱼座宝宝日渐长大,他或许还会时不时撒个小谎,例如,他有可能正在和拥有精锐武器的骑士部队游戏,而不是认真地完成作业。

★双鱼座宝宝的最爱

跟你的双鱼座宝宝一起唱的歌

《划呀划呀划小船》(Row, Row, Row Your Boat)：意在告诉宝宝，生活毕竟不只是个梦。

《抓住波浪》(Catch a Wave)：告诉宝宝大海的神秘——站在世界顶端的感觉。

《小白鲸》(Baby Beluga)：在这首歌曲中，可爱的小白鲸形象和甜美的曲调会给宝宝留下深刻印象。

跟你的双鱼座宝宝一起看的电影

《小美人鱼》(The Little Mermaid)：双鱼座男孩和双鱼座女孩都非常喜欢这部电影中的主人公和其中感人的情节。

《自由的威利》(Free Willy)：双鱼座宝宝很喜欢看这类电影，从中可以学到如何通过信任他人而为自己解围。

《时空大圣》(The Pagemaster)：这部电影证明了双鱼座宝宝的观念，那就是想象和幻想可以战胜恐惧。

和你的双鱼座宝宝一起玩的游戏

踢罐头瓶：让双鱼座宝宝感受到自己脚上的力量有多大。

水球：双鱼座宝宝喜欢像鱼一样在水里游泳，并且觉得自己超酷！

影子标签：当"摸到"其他孩子的影子时，可以给他一个友善、温柔的标签。

和你的双鱼座宝宝一起读的书、诗歌和童话

《水孩子》(The Water-Babies)：涉及众多有关双鱼座宝宝的重大问题，比如双鱼座宝宝的精神世界以及成长中的变化等。

《稀奇，稀奇，真稀奇》(Hey Diddle Diddle)：看完这个童谣，你能变得更有想象力吗？我相信，你的双鱼座宝宝一定会的！

《森林里的小屋》(The Hut in the Forest)：这个童话会给你的双鱼座宝宝一个重要的经验：与人为善是一种非常非常聪明的做法！

用这些食物犒劳双鱼座宝宝吧

鱼：软的，不要太硬的，但要有营养。

牛奶：有助于双鱼座宝宝的骨骼发育。

甜土豆泥：双鱼座宝宝很喜欢这类食物的味道以及其他一些富有营养的蔬菜。

★双鱼座宝宝的着装风格

你们可以将双鱼座宝宝打扮成任何他头脑中想象的样子——超级英雄、小公主等等。他一定会为此兴奋不已。选择稍大一些的鞋子比较合适你的宝宝,这样的鞋子能够更好地支撑孩子的双脚。

女孩:双鱼座女孩非常喜欢你们精心为她挑选的带花边的各类服饰,那些你早在孩子出生之前就计划好让孩子穿戴的精美的衣服,她都会非常喜欢。

男孩:双鱼座男孩比较喜欢 Boho 风格的衣服,他常常会对一些复古而又时尚的帽子或 T 恤很感兴趣。

★双鱼座宝宝的环境

双鱼座宝宝的心理敏感柔弱,所以,宝宝的房间应该保持整洁和安静,特别是宝宝出生的头几天、头几周。双鱼座宝宝大多需要充足的睡眠,并且常常喜欢做梦。房间的颜色应该是柔和明亮的,即使双鱼座男孩也应如此。房间中悬挂的窗帘布艺应当带有褶皱花边,这样当风从窗外吹进来时,宝宝们就能感觉到流动的美感。

★安抚爱哭的双鱼座宝宝

双鱼座宝宝出生之后,比较爱哭,因为他常常会被置身其中的这个世界给吓着。他很喜欢待在襁褓之中并被你们紧紧怀抱,因此应当给宝宝尽可能多的身体接触。摇椅或摇篮是很好的安抚工具,使宝宝感觉好像回到妈妈温暖而又安全的子宫里。

另一种安抚双鱼座宝宝的办法则是给他洗澡。刚开始他会因不适而大哭大叫,但你可以温柔地用温暖而又清洁的水轻轻擦洗他的全身,这将很快令宝宝安静下来,感到舒服和安全。但就像前面曾经提到的,一旦涉水,你们的"小鱼儿"一定要得到足够的细心呵护,要小心谨慎哦。

★如何激励双鱼座宝宝

为尽快适应这个真实的世界,双鱼座宝宝常常需要声音和信号的刺激。有些玩具发出的声音对双鱼座宝宝显然过于嘈杂，不过你们倒可以试试这些：

- 小钢琴玩具：双鱼座宝宝不用花太大力气就可以制造出一些声音，创造自己的音调和节奏，这类玩具对他十分合适。
- 洗澡玩具：双鱼座宝宝可以在水里待好几个小时，但如果有了玩具，他可以马上安静下来，一些能喷水的玩具可以让宝宝的洗澡变得更加有趣。
- 互动故事和电影：双鱼座宝宝很容易沉醉于视频世界之中，这其实是很可怕的。要让双鱼座宝宝保持足够的现实感，不妨让他给剧中人物取自己喜欢的名字，并重新设计完美的结局。

★双鱼座宝宝的学习方式

双鱼座宝宝的学习行为是一种逐渐渗透型的。他不是那种通过快速闪现的卡片和学习软件来认知的孩子，但偶尔在家中做些类似的游戏，对宝宝的认知学习还是很有益的。要记住的是，宝宝需要明白，生活的一个必需的条件，就是要置身于真实的世界之中。给宝宝实实在在地教授一些单词、数字也是一种你绝对不会后悔的投资，这类活动可以引导宝宝为将来上学做好准备。

12 星座父母 VS. 双鱼宝贝

作为爸爸妈妈,如果你的星座是……

白羊座

你一定会觉得你的双鱼座宝宝像个可爱的洋娃娃!你肯定特别想抱着他不停晃动,而且想马上看到他学会走路学会跑——但你可能会发现,你的"小鱼儿"的成长比你预期的要稍微慢一些。双鱼座宝宝若是受到惊吓,可能会大声尖叫,所以,你可能得"连哄带骗"、温柔和善地鼓励他参加体育运动。

你可能会觉得你的双鱼座宝宝有些过于柔弱，但事实上，他的身体只是需要更多时间才能长得结实有力。你完全可以帮助你这具有可塑性的宝宝，促使他的骨骼正常发育，逐渐形成有力的肌肉群。多给宝宝一些练习的机会，比如，在学走路时，可以让他扶着你的腿慢慢站起来，避免一遇到困难就伸出你的双手，试着鼓励宝宝自己学会爬行和站立。正是这样的办法，才能使得你的双鱼座宝宝在这个世界上最终找到适合他自己的运动、行为方式。或许你的双鱼座宝宝最终也很难成为一名出色的跑步运动员或球类运动员，但你也完全可以在一侧为其稍显滞后的独立遨游呐喊助威！

金牛座

打从相识的第一天起，你就知道自己和你的双鱼座宝宝将会相处得非常融洽。你们俩都有着安静和容易相处的性格，你一抱起他便很容易变得完全放松，这让你乐在其中。但当孩子一天天长大，你将发现自己不得不持续去寻找一些双方的共同点，以便更好地彼此相处。

作为所有星座中最为实际的人，你会发现，自己必须找到一些方法，以便与你这个宁愿不去面对现实的宝宝沟通相处。并且，你会为他对新买来的玩具或攒钱以备不时之用并不太在意感到困惑不解。当然，你很清楚自己无时无刻不在爱着他，但你也会担心，就他这个样子，怎么能够在这个世上立足生存下去？其实，你就是他最好的老师，所以不要惧怕在要求其面对现实的问题上与其争执冲突。比如，不要轻易地给他零花钱，鼓励你的双鱼座宝宝自己挣取。洗碗，或者小一点的时候学会正确使用洗碗机就是一种不错的选择，这种方法可以使你的宝宝变得更为实际，并且也能教会他自己迈开大步朝前走，学会为自己的行为买单。

双子座

对你而言，双鱼座宝宝可真是上天赐予的珍贵的礼物，你非常喜欢和他在一起玩耍。当你注视着他那有着无尽内容的双眼时，你的双鱼座宝宝将会教会你如何默默无语地与他人交流，他那渴求的眼神似乎在告诉你，他对这个世界深处无尽的奥妙怀有极大的兴趣。你的双鱼座宝宝会因如何与这个世界相处之类的问题不断寻求你的帮助，并且会对你的告知和你对知识的分享十分感激。但是，他并不会总是相信你认为重要的事情对他来说就真的那么重要。

你可能会一直惊讶于你的双鱼座宝宝用艺术创作表现自我感受的能力，并且很愿意与他一道参与其中。但同时，你要理解，你的宝宝有时候需要一些独处的时间，并且要允许他听从自我想象世界的召唤，这种召唤使其内心更加丰富。你很享受与朋友一道分享你在他身上发现的种种奇妙美好的感觉，但同时你也需要注意到，挖掘这个世界并不美好的另一面，并在面对你的双鱼座宝宝时向他反馈这种真实是非常重要的。

巨蟹座

从宝宝降临到你家中的第一天开始，你便会长出一口气——家里终于有能够真正理解你、懂你的人了。的确，你的双鱼宝宝在情感上与你是如此地"步调一致"，但抛却这些相似之处，你也必须看到你们之间其实是有一些区别的。

与你相比，你的双鱼座宝宝有点游离于日常生活的世界之外。你是一个愿意主动照顾周围人的需要的人，而你的双鱼座宝宝则希望你如此，只是不要额外再照顾他——准确地说，是不要去打扰他内心深处那个小小的世界。照顾你的双鱼座宝宝自然是你的义务，但同样重要的是，你也应该教会你的双鱼座宝宝学着自己照顾自己。一旦拥有了这种自我照顾的能力，你的双鱼座宝宝将会获得娴熟的生活艺术，并且最终完成他来到这世上的小小使命。这种使命常常是向他人指出什么是"正常"生活之外的生活，并且你这么做，也会使得你的双鱼座宝宝乐意邀请你加入到他神奇美妙的"聚会"之中。

狮子座

当你将这个可爱的小精灵怀抱手中时，你可能会感觉他是如此地无助，但事实上，你的双鱼座宝宝所蕴藏的能量是超乎你所能想象到的。他或许没有你惯常认为的那种"力量",但当你开始了解你的宝宝时,你会发现,他真正懂得生活的秘密——例如,学习的美妙之处,与他人的内心深处建立联系的奇妙——这些将使你重新定义自我的意义。

你用自己的勇气和领导力激发你的双鱼座宝宝,这很重要,但同样重要的是允许你的宝宝在精神层面有所依托。这类心智能力的培养不妨通过一些有组织的宗教仪式或其他一些活动实现。甚至每天如果能有一两次,你们彼此都保持安静和冥想沉思,对你们的双鱼座宝宝也是非常有意义的。

你与其为自己的双鱼座宝宝找到一个可以转移其来自异域的能量的地方——他事实上也很喜欢找到这么一块儿地方,倒不如把他带回到现实生活中来,例如,提醒他准时洗澡和为上学做好准备。同样,你也要意识到,你可以从你的双鱼座宝宝身上获得内在的力量以应对日常生活的种种。

处女座

你爱你的宝宝超过世间的任何人或物,但你的双鱼座宝宝身上总有一些你觉得难以接受的地方。比如,他不像你那样天生就懂得如何组织管理。相反,他的兴趣很容易分散迁移,做事有些虎头蛇尾,也很少会想到如何收拾残局。每一件事情好像总是在

"催促"着你的宝宝去完成,就好像他内心中几乎就没有负责管理和指导其行为的声音。遗憾的是,这声音还不能够告诉你的宝宝如何按顺序做事,或是让你能够理解其行为的意义。

这正是你应当介入的最佳时机。如果你能够教会他如何变得整洁和有秩序,但又能注意不强迫你的双鱼座宝宝变得和你一样,那么你将和他相处得非常好。不妨为他提供足够的机会,但同时坚持某些原则,注意不生拉硬拽他回到现实;相反,若想向你的双鱼座宝宝证明你有多爱他,不妨花点时间"参观"一下他丰富美妙的内心世界。

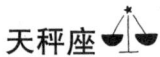
天秤座

有了双鱼座宝宝,你欣喜万分,他成长的点点滴滴都在你的目光里,令你倍感享受。你们两人之间其实是有诸多共同点的——包括对艺术的热爱——但你更多的是从艺术的美和美学角度看到艺术的价值的,而你的双鱼座宝宝则是沉浸在能够创造美术、音乐和诗歌的美妙世界中。

你不妨试着为激发宝宝的创造力提供足够的机会。为他买来蜡笔,鼓励他用手指作画,并为他收拾出一块儿不怕被弄脏的地方供其实验。带他去博物馆、音乐会或去看儿童剧,毕竟,刺激你宝宝的想象,只会令其变得更为丰富。只是你要确保这不是他生活的全部。

同样重要的事情是,教会你的双鱼座宝宝准时赴约,并能遵守学校的管理制度。试着在宝宝的生活中安排一些时间表之类的东西,这些东西可以让你们学会更加有效率地做事并确信自己作出的各种决定。

天蝎座

和其他家长与孩子的亲子关系相比,你会觉得自己与双鱼座宝宝之间有一种近乎天然的亲密联系。在你的"小鱼儿"身上有一种深层的品性,这种品性令你反省自身与内心想象的那个世界之间的关联,以及这个真实世界掩盖了的无限的爱。

你的双鱼座宝宝清澈的洞察力与意味深长的表达,常常让你惊奇不已。你甚至常常会有错觉:到底是你在引导着你的双鱼座宝宝成长,还是你的"小鱼儿"在帮助你成长。理想状况下,二者都能实现。

为你的双鱼座宝宝设定一些适合他的目标,教给他一些借此能实现目标的技能。比起别人家的孩子,你会感觉在教会孩子某些运动技能方面有些吃力,但别担心。双鱼座宝宝能学会的,他在观察你的示范时就会去效仿,不单单是学会,他所考虑的是如何能做到最好。

射手座

当第一次将宝宝捧在怀中时,你会感觉他就像个瓷娃娃。的确,你们彼此看待世界的方式有很大的差别,你会觉得孩子所拥有的柔顺随和的性格非常神奇。当你发现温柔地与你的双鱼座宝宝相处是极为重要的事时，你会感到一种对自身的挑战。虽然你本性并非如此，但你很快就能适应并学会如何轻柔地接触你的宝宝。

不要让你的"小鱼儿"的敏感迫使你放弃一些必须做的事情，例如，更换纸尿裤或是从受了伤的手指、脚趾上揭下一块儿创可贴。你的双鱼座宝宝总是会对疼痛异常敏感，因为生理上的疼痛对双鱼座宝宝娇弱的神经来说过于强烈。但你仍然需要教会你的双鱼座宝宝如何忍耐和照顾好自己的身体。你可以鼓励宝宝多做运动，或许刚开始时不太容易，但很快就会发生改变，说不定哪天你们两人会一起带着垫子去参加瑜伽课的训练哦！

摩羯座

双鱼座宝宝与你这个星座的家长有特别多的差异，但从很多方面来说，你是照顾这娇小生命的最合适的家长。双鱼座宝宝喜欢花更多的时间在他自我幻想的世界之中，而你考虑得更多的则是如何在现实世界中谋求自己的位置。当你真正了解了你的双鱼座宝宝，你可能会发现你们可以通过相互学习，整合两个世界中的能量，使得彼此变得更加完美。

双鱼座宝宝不像你那样富有抱负，但他却有能力成为一个成功人士。你可以教会你的双鱼座宝宝一些有用的技能，学会通过竞争争取到自己在现实生活中的位置，并且从某种程度上讲，你的双鱼座宝宝也会言听计从。但在你的宝宝看来，如果不能从中得到快乐，成功对他而言也没什么吸引力。这就是为什么你想让你的双鱼座宝宝成为一名出色的会计，结果他却最终成长为一名卓越的数学家。不管你的双鱼座宝宝最终成长为什么类型的人，你都会为他感到骄傲的。

水瓶座

当第一次抱起你的双鱼座宝宝时，你就得记住，什么叫做"学会放手"。双鱼座宝宝具有极强的学习能力，但他可能并没有像你那样的抱负和渴望。但有趣的是，你们两人都渴望人们在生活中彼此和谐相处。但你是从现实的角度出发产生这种愿望的，而你的双鱼座宝宝则是一相情愿地这么认为。

如果你能够开放自己的心胸，承认自己可以从孩子身上学到东西，那么，仅仅从你双鱼座宝宝的双眼中，你就可以学到所有你从来未曾学到的东西。你会有这样一种感觉，只要你愿意倾听和观察他，你的双鱼座宝宝知道这世间的任何秘密并乐意与你分享。不要试着把你的信念强加于你的双鱼座宝宝身上，也不要强迫他遵从那些只不过是你自己偏好的行为。比起这些，更为重要的是让你的双鱼座宝宝逐渐形成自己的品味，但如果你一味地告诉他这品味应当是怎样的，则他将可能永远学不会。对于你而言，最大的挑战在于为你的双鱼座宝宝提供足够的成长空间,如果你能够这样做,你会亲眼目睹这了不起的小家伙是如何一步步展示自己惊人的力量的。而这,正是你作为家长给予这个世界最好的回赐。

双鱼座

你和你的宝宝拥有一样的星座!如果说比起其他星座的家长,你有什么幸运之处,那就是,你从自身学到了足够多的东西,以便你能够更好地教给这小家伙如何避免那些你曾犯下的错误。但此刻,孩子降临身边,你要做的仅仅是紧紧抱住你的宝宝,感受与你的宝宝一同的心跳。

你将不得不努力教会你的双鱼座宝宝关于这个真实世界的一切。尽管你本人就不是很有组织和有条理的人,但你仍然可以给你的双鱼座宝宝示范如何做到物归其位,并且学会运用他人能够理解的语言方式表达自己的思想、感情和需要。

最重要的是,你要教会你的双鱼座宝宝应何时以及如何信任他人。你的宝宝将会首先学着去信任你,所以,你要更加坚强和能够给予他依靠,但也不要让你那神奇的一面彻底消失,当你给你的双鱼座宝宝提供接触美术、音乐的机会时,别忘了让你的想象力也参与其中,并且,你还可以通过美丽的童话故事来为宝宝上一节"现实"的课。如果你在这些事情的处理上游刃有余,那就等于告诉了你的双鱼座宝宝——双鱼星座的人在陶养自我与最终为人类之福祉作贡献方面拥有超强能力!

双鱼宝宝谭骅 + 双鱼爸爸文明

我们的双鱼座宝宝出生在2月20号,所以双鱼座性格在她的身上表现得不是很稳定。

我们的双鱼座女孩可不是"看起来就很甜,文文静静"的女孩儿,她可是个十足的"假小子"。有一天,妈妈在洗菜,突然听到谭骅很大声地哭起来了,妈妈飞奔过去,谭骅这个小鱼儿一般情况下是不会哭的,即使摔倒了也会很潇洒地自己爬起来,顶多说"把娃又摔倒了"。妈妈一看,原来小鱼儿撞到沙发腿上把嘴唇磕肿了,哭得稀里哗啦。结果妈妈给了块巧克力,她就立刻破涕为笑。看来疼痛也不过如此嘛。她打针的时候也大多不哭,有时还会说:"谭骅是个女子汉!"

小鱼儿平时活泼好动,没一刻得闲的时候。妈妈刚切好菜去看她,她已经上了茶几了;妈妈刚炒完菜,马上去关照小鱼儿,妈呀!小鱼儿上了微波炉了,手里正拿着早上妈妈不给的饼干呢；在妈妈藏饼干的空儿，她又站在椅子上，手里拿着案板上用剩下的白菜帮子"做饭"呢，幸亏聪明的妈妈把菜刀收起来没放在案板上；妈妈把她抱出去又冲了两个碗，小鱼儿不在厨房骚扰妈妈，妈妈觉得不放心出去一看，她在厕所里拿着个小肥皂在搓呢，还说谭骅在洗手呢哎……

我们的小鱼儿从小就会背很多唐诗，《笠翁对韵》也背下来了。你看，她会说："长对短，太阳对月亮，爸爸对妈妈，大便对臭臭。""美国总统叫奥巴马。""中国总统呢？""奥巴牛，奥巴羊。"哈哈，没错，她在自言自语呢。

小鱼儿还有着双鱼座的某种特质——容易整体上来把握语言规律，能够打破习惯，将句子分解和重新组合，从而表达思想、分享观点，尽管这种表达难免存在错误。每次走到7层时，小鱼儿就会说："怎么累得我气都喘不上来了呢？""好累好累呀！累得我的腿都晕了！"

爸爸最喜欢的，是谭骅的笑容，灿烂无邪，随时迸发。这笑容里，没有任何杂质，来得那么彻底那么自如。看到她的笑，爸爸忘却了白天工作的辛苦，忘记了晚上还要熬夜费神的书稿，也忘记了妈妈的唠里唠叨。

后记

祝贺你！你已经明白星座如何安排了你与孩子的亲密关系，你可以以一种睿智和独特的方式来抚养自己的孩子了。孩子望着你，以你作为榜样，学习如何待人接物，学习什么是重要的事情，学习长大了要成为什么样的人。而现在你已经知道，如何让自己的养育更适合孩子，把自己的小宝贝培养成他应该成为的那个人了。

不过，尽管你有许多东西要教给富有艺术家气质的天秤座或者雄心勃勃的摩羯座，你的孩子也有很多东西要教给你！你的孩子会教你如何耐心，如何更敏感，兴许还会教你更有条理或严格。你会学到如何设定界限，以及什么时候放下这些限制，以便让孩子体会到你的深爱与保护。可能在某个意想不到的时刻，你就会发现自己对孩子付出的爱和帮助从他身上体现了出来，那时你会明白，当初自己做的都是对的!

　　观察你的孩子,看他们如何渐渐展现自己的天性,这是一份甜蜜的礼物。通过星相学,你能更有意识地理解这个奇迹。认识并应用星相学,最终的目的是认识你是谁,这样你一生就能不断进取。而现在,你也知道如何帮助自己的孩子不断进取。

　　从你的孩子进入你的生活那天起,你就永远彻底改变了。你和孩子之间的舞蹈,那给予与接受、欢笑与爱,那将毕生持续的情感纽带,是在亘古之始,是在人类第一次仰望星空、观察行星的时候,便延续至今的东西。用这门古老的学问,来帮助你的孩子生活、成长、爱,在你的陪伴之下,过最美好的人生。